借助别人的力量
壮大自己

一 茜/编著

北京工业大学出版社

图书在版编目（CIP）数据

借助别人的力量壮大自己 / 一茜编著. —北京：北京工业大学出版社，2012.9

ISBN 978-7-5639-3167-5

Ⅰ.①借… Ⅱ.①一… Ⅲ.①成功心理—通俗读物 Ⅳ.①B848.4-49

中国版本图书馆 CIP 数据核字（2012）第 148849 号

借助别人的力量壮大自己

编　　著：一　茜
责任编辑：杨　青
封面设计：尚世视觉
出版发行：北京工业大学出版社
　　　　　（北京市朝阳区平乐园 100 号　100124）
　　　　　010-67391722（传真）　bgdcbs@sina.com
出 版 人：郝　勇
经销单位：全国各地新华书店
承印单位：唐山才智印刷有限公司
开　　本：787 mm × 1092 mm　1/16
印　　张：14
字　　数：187 千字
版　　次：2012 年 9 月第 1 版
印　　次：2021 年 1 月第 2 次印刷
标准书号：ISBN 978-7-5639-3167-5
定　　价：28.00 元

版权所有　翻印必究
（如发现印装质量问题，请寄本社发行部调换 010-67391106）

前　　言

在短暂的一生中，有的人取得了令人瞩目的辉煌成就，成为众人景仰的社会精英；有的人却默默无闻，无所成就。其中一个重要原因就是前者善于借用各种力量来壮大自己，而后者却总在单打独斗。

雄鹰借助气流直冲九霄，骏马借助风势奔腾万里，任何生物在生存中，都会借助一定的辅助之力来达成自己的目标。这种善借的能力让它们在各自的生存领域中雄踞一方。同样，我们也需要依靠这种"借"的能力来求生、立足。

荀子在《劝学》中说："登高而招，臂非加长也，而见者远；顺风而呼，声非加疾也，而闻者彰。假舆马者，非利足也，而致千里；假舟楫者，非能水也，而绝江河。君子生非异也，善假于物也。"生活中的每一个人都在不懈地追求成功。面对困难与坎坷，大多数人都会抱着执著的态度和顽强的精神迎难而上。但是，在这个竞争日益激烈的社会里，仅凭一腔热情已经难以找到自己的立足之地，当我们遇到困难时，只有依靠别人和自身的力量，才能找到通往成功的捷径。

一位著名的经济学家曾说过：一切都是可以靠借的，借资金、借人才、借技术、借智慧。这个世界已经准备好了许多你所需要的资源，你所要做的是运用智慧把它们有机地组合起来。

认真阅读本书吧，书中讲述的道理和方法能启迪你怎样借助各种力量壮大自己，从而早日走向成功。

目 录

第一章 单枪匹马难成事 …………………………… 1

借助别人的力量更容易成功 …………………………… 1

成功源于善借 …………………………………………… 3

借梯上楼：经商的诀窍 ………………………………… 10

让别人的手为自己服务 ………………………………… 12

因势而起，借势而行 …………………………………… 14

从合作中获益 …………………………………………… 16

第二章 维护好自己的人脉圈 ……………………… 19

有水平更要有人缘 ……………………………………… 19

帮助别人，成就自己 …………………………………… 20

把握交际的距离和分寸 ………………………………… 23

把人情做足 ……………………………………………… 29

学会送礼 ………………………………………………… 31

察言观色识人心 ………………………………………… 35

没事也要常联系 ………………………………………… 37

好谈吐换来好人缘 ……………………………………… 41

恪守信义得人心 ………………………………………… 45

你的礼仪很重要 ………………………………………… 49

第三章　借朋友的力量壮大自己 …………………… 52

朋友是事业发展的动力 ………………………………… 52

志同道合才有共同目标 ………………………………… 55

朋友的成果不可占 ……………………………………… 57

优势互补，成就辉煌 …………………………………… 58

对朋友的帮忙心存感激 ………………………………… 61

交朋友的原则 …………………………………………… 64

想做老板，先找20个老板朋友 ………………………… 66

第四章　借同事的力量壮大自己 …………………… 70

同行并非"冤家" ……………………………………… 70

让"个性"与"团队"并驾齐驱 ……………………… 76

别刻意在同事面前出风头 ……………………………… 80

高度重视同事之间的应酬 ……………………………… 82

学会与同事交流 ………………………………………… 84

学会与不同类型的同事相处 …………………………… 88

合作能力比专业知识更重要 …………………………… 98

第五章　借上司的力量壮大自己 ………………… 105

成为上司的得力助手 …………………………… 105
具有大局意识，替上司着想 …………………… 106
与上司打交道有诀窍 …………………………… 111
设法赢得老板的赏识 …………………………… 114
和上司保持一定的距离 ………………………… 116
不妨把成绩归功于上司 ………………………… 118

第六章　借下属的力量壮大自己 ………………… 121

人才也是一种力量 ……………………………… 121
"英雄不问出处" ………………………………… 124
识人要识到骨头里 ……………………………… 128
大胆起用比你优秀的人 ………………………… 130
用好团队中的关键人才 ………………………… 133
不要任人唯亲 …………………………………… 134
学会授权，懂得授权 …………………………… 136
下达命令也要讲究技巧 ………………………… 142
善于与下属联络感情 …………………………… 144
乐于听取抱怨 …………………………………… 148

第七章 借客户的力量壮大自己 …… 152

好好揣摩客户的需求 …… 152
抓品质拼耐心，以诚意赢得客户的心 …… 153
服务也能赢得客户 …… 158
让客户多多参与 …… 159
像朋友一样同客户谈生意 …… 161
不抛弃不放弃，用新思路开拓新路子 …… 164

第八章 借贵人的力量壮大自己 …… 168

贵人总在你的人脉中 …… 168
让优秀人物成为生命中的领路人 …… 171
主动结交成功之人 …… 172
借"名人效应"提升人气 …… 175
你不喜欢的人也可能成为你的贵人 …… 177
四个好习惯赢得贵人信赖 …… 179

第九章 借合作伙伴的力量壮大自己 …… 183

找到能帮你赚钱的合作伙伴 …… 183
搭上一只顺风船 …… 186
做赚钱的"寄居蟹" …… 188

双赢是最好的策略……………………………………… 190

有钱大家赚，合作才能共赢……………………………… 194

第十章　壮大自己最终靠自身……………… 198

能拯救你的只有你自己………………………………… 198

把知识作为成功的垫脚石………………………………… 200

做正确的事比正确地做事更重要………………………… 204

眼睛向下看，从小事做起………………………………… 207

今天工作不努力，明天努力找工作……………………… 208

第一章　单枪匹马难成事

借助别人的力量更容易成功

一个人的时间、精力、财力都是有限的，有时不可能做到万事俱备，所以获取别人的帮助是必需的，比如资金、技术、信息、销售渠道等。

善借"外力"包括能够找到"外力"，能够借到"外力"，能够跟"外力"建立长久的关系，大多数成功者正是得益于这一点。如果你还没有成功，也与没能很好地处理这方面的问题有关。"好风凭借力，送我上青云。"一个人或一个团体，如果能够善于借助别人的力量，往往可以事半功倍，更容易、更快捷地达到成功的目的。

多年前，世界巨富比尔·盖茨注册微软公司时，其产品几乎无人知晓。他认识到，公司要有大发展，必须将品牌树立起来。

当时，美国最大的电子计算机公司——国际商用机器公司（IBM）正在研制一种个人新型微机，这种新型微机需要配置相应的磁盘操作系统软件，美国几家较大的软件公司都虎视眈眈，想抢到这笔大生意。

比尔·盖茨知道这是一次提高公司声誉、扩展业务的难得的好机会。他立即组织人员日夜奋战，开发出新型系统软件——DOS系统。拜见国际商用机器公司总裁时，因为微软公司实在不出名，国际商用机器公司总裁对其一点儿都不感兴趣。比尔·盖茨毫不退缩，亲自操作，详细说明这种软件的优越之处，并把价格降到最低。

最后，国际商用机器公司终于接受了这种新型软件，把它命名为MS-DOS。微软公司的名声随之提高，业务量成倍增加，微软公司成为美国乃至全世界软件业的佼佼者。

比尔·盖茨的成功证明：抓住时机，借助别人的力量迅速提高自己的声誉，去获得超常规的发展是完全可能的。

"借力使力不费力"，成功者之所以获得比别人更大的成就，就在于其会运用"借力使力"的本领。

有一个出版界的趣事。

外国一出版商有一批久久不能脱手的滞销书。他想方设法地送给总统一本，并三番五次地去征求意见。日理万机的总统不愿与他纠缠，便回了一句："这本书不错。"出版商如获至宝，大做广告："总统喜爱的书出售。"很快，这些书被抢购一空。

不久，这个出版商又有书卖不出去，挖空心思地又送给总统一本。总统上过一次当，想借机奚落他，就说："这本书糟透了。"出版商灵机一动，又做广告："总统讨厌的书出售。"

不少人出于好奇，争相抢购，书又售尽。

第三次，出版商将书送给总统，总统吸取了前两次的教训，便保持沉默，不予答复。出版商居然又做广告："总统难以下结论的书出售。"结果此书销得更火。

总统真是哭笑不得，出版商却借此大发其财。

"登高而招，臂非加长也，而见者远；顺风而呼，声非加疾也，而闻者彰。假舆马者，非利足也，而致千里；假舟楫者，非能水也，而绝江河。君子生非异也，善假于物也。"借助外力求发展是一种艺术，我们应很好地运用它。

成功源于善借

借，可以弥补自身力量的不足；借，可以强化自己的优势；借，可以突破各种局限；借，可以达到事半功倍的效果；借，可以创造出沙漠中的绿洲。借助他人的力量不仅能给生意带来勃勃生机，还能给自己带来灵感。广州一家工具制造公司的副经理刘先生就是巧借他人的力量兴办起企业的。

创办企业伊始，刘先生虽然有很高的积极性，但不知如何下手。于是，他便想找一些明白人指点迷津。然而，究竟该找谁呢？他经过一番苦想，决定在春节期间召开一个茶话会，将从外地回乡探亲的游子们找来，让他们为家乡的发展出主意。

这一招果真灵，远方的游子们都急切盼望着为家乡的发展

作贡献。在茶话会上，他们有的出主意，有的办实事。刘先生根据大家的建议作出一系列决策，相继开办了五金、针织、纸箱、棉布等乡办企业，专门生产一些补缺产品。他的企业刚开办就取得了不错的收益。经过不断调整经营策略，刘先生的企业逐渐地发展壮大。

无独有偶，日本商人高木悟郎专门承揽印刷业务。他虽然没有成套的设备，但是凭借自己与印刷厂及客户的关系，生意做得一直很好。他的经营策略是四处寻找客户，将生意送往印刷厂，从中赚得两成佣金。这佣金并不是从客户那里赚的，而是在"零售价"与"批发价"之间赚取的差额利润。就这样，他自己赚到了钱，客户也得到了实惠。由于朋友及客户的不断照顾，他的生意很稳当，这不失为一件乐事。

在商界，不会借力的人做生意是难以成功的，而那些有着强硬的"关系网"，善于借助他人力量的人，成功的概率往往较大。被称为"世界景泰蓝大王"的香港商人陈玉书，就是靠着一张良好的关系网致富的。凭借着人脉他每遇到困难总能顺利过关。

当年，陈玉书最初来到香港的时候，以顽强奋斗站稳了脚跟，但是他的宏伟理想却不能实现。然而，一次奇遇改变了他的命运，使他走上快速发展的道路。

有一次，陈玉书带着儿子到维多利亚公园游玩，没料到在闲谈之中，与一位领事的夫人相识，而这位领事夫人也与陈家颇有渊源。从此，陈玉书便和领事一家搭上了关系，结下了一张坚固的关系网。

当时，要想得到一张商务签证实属不易，而陈玉书就凭借这张关系网，为那些办签证的人提供便捷服务。第一次办签证成功，陈玉书就得到了5万港元的报酬，这令他十分喜悦。于是，他便成立了一家中介公司，开始做起代办签证生意来。

通过签证生意，他与各种各样的人打交道，其中有许多商人，他因此结交了许多朋友。通过他们的帮助，他掌握到大量商业行情并利用大好机会向贸易领域进军，开辟了一番新天地，获得了大笔财富。

在今天这个信息时代，由于社会分工更加精细、更加专业，这就决定了仅凭个人的知识技能远远不够。因此，要想发家致富，成就一番事业，就必须借助外力。那么，你是否研究过怎样借助别人的力量呢？总的来说，有借势、借机、借德、借智、借力之分。

借势，就是借助或倚重别人的力量造成一定的声势，一旦势成则功可成。比如买电脑，人们首先想到电子城，那里的产品形成了"势"，所以赢得了人们的信赖。

借机，就是把握事物发展的有利时机，或借助于别人创造的时机来达到自己的目的。机遇对于每个人来讲都是公平的，

但只有准备充分的人才有可能得到它,因为机不可失,时不再来,捕捉机遇是在瞬间完成的。

借德,就是仰仗有德者的威信、信誉,使自己的声誉尽快建立起来。声誉是事业的命脉,失德者必自毙。

借智,就是集中人才的智力优势,广泛征集各方面的意见和建议,制订科学的方案,保证事业的成功。

借力,就是依靠别人的实力为自己办事。

下面我们从两个方面来讲述成功缘于善借的道理。

1. 利用一切可利用的东西

利用一切可以利用的东西,是精明之举,若能做到这一点,则可以壮大自己的力量,实现自己的梦想。

浅野总一郎23岁时穿着破旧的衣服,失魂落魄地从故乡走到东京。因身无分文,又找不到工作,他有一段时间每天都处于半饥饿状态。正当他走投无路时,东京的炎热天气启发了他。"干脆卖水算了。"他灵机一动,便在路旁摆起了卖水的摊子,其生财工具大部分都是捡来的。"来,来,来,清凉的甜水,每杯1分钱。"浅野大声叫喊。果然,水里加一点儿糖就变成钱了。他头一天所挣的钱共有6角7分。简单的卖水生意使这位年轻人不必再挨饿了。

浅野后来说:"在这个世界上没有一件无用的东西,任何东西都是可以利用的,只要有利可图,就赶紧去做。"浅野卖了两年水，25岁时已赚了一笔钱，于是开始经营煤炭零售店。30岁时，当时的一位市长听说浅野很会使看似无用的东西产生价值，就召见他说："你是以很会利用废物而闻名的，那么人的排泄物你也有办法利用吗？"浅野说："收集一两家的粪便不会赚钱，但是收集数千人的就会赚钱。"市长问："怎么样收集呢？"浅野说："盖个公共厕所，我做给你看，好不好？"就这样，浅野就在该市设置63处日本最初的公共厕所。

厕所盖好之后，浅野把汲粪便权以每年4000日元的价钱售出，两年后设立一家日本最初的人造肥料公司。

2. 巧借智力发家致富

巧借他人的智力，是发家致富的妙招。运用此招的关键是要"巧"，即机智地运用高招，让对方非常爽快地将"智力"贡献给你。

戴维·史华兹出身卑微，少年时代就辍学自谋生路。他的进取心很强，小小年纪便立志要做大企业家，并默默地为自己的理想而努力。

史华兹18岁的时候，来到一家著名的时装公司——斯特拉根服装公司做业务员。他在这里工作，学到了很多知识，为以后开创事业打下了坚实的基础。

在斯特拉根服装公司工作一段时间后，史华兹与人合伙开办了一家服装公司。在他的苦心经营下，公司发展得非常快，

借助别人的力量壮大自己

生意很不错。

过了一段时间，史华兹的脑海里又萌生出一个想法：总是做和别人一样的衣服是不会有大发展的，必须找一个好的设计师，借助他的智慧，设计出新产品，这样才能在服装业出人头地。

然而，这样的设计师该从何处找寻呢？

有一次，史华兹外出办事，他看到一位少妇身上穿着十分别致新颖的时装，于是，他悄悄地跟在少妇背后。少妇认为他心怀不轨，便转过身来大声责骂他。史华兹这才反应过来，觉得自己太唐突了，于是，他急忙向少妇解释、道歉。

少妇明白了史华兹的动机后，转怒为喜。她告诉史华兹，这套衣服是她丈夫杜敏夫设计的。于是，史华兹萌生了想聘请杜敏夫当设计师的想法。

史华兹经过一番调查，了解到杜敏夫很有才华，对服装设计很精通，曾先后在三家服装公司供职。他最近辞职是因为服装公司的上司不珍惜人才，杜敏夫非常气愤，便决定离开。

史华兹从小自谋生计，历尽磨难坎坷，对杜敏夫的遭遇非常同情，便决定聘用他。然而，当史华兹亲自登门拜访杜敏夫时，他却不予接见，这使得史华兹很难堪。史华兹毫不气馁，他接连数次来到杜敏夫家拜访。这种求贤若渴的精神终于打动了杜敏夫，他欣然接受了邀请。

杜敏夫来到史华兹的公司，将自身的才华很好地发挥了出来。他精心设计的各款服装，受到客户的普遍欢迎。

史华兹由于借助了杜敏夫的智力，得到了他的大力支持，将公司经营得很好，公司的业务也蒸蒸日上，没过几年，史华兹便成为服装界的"佼佼者"。

一个人的能力是有限的。如果只凭自己的能力，能做的事很少；如果懂得借助他人的智力，就会很容易获得成功。凭自己的能力赚钱固然是体现"真本事"，但是，能借他人的智力赚钱，则是一门高超的艺术。

卡内基实事求是地告诉了人们他的发家经历。卡内基没有接受过专业教育，也没学习过钢铁知识，如何能经营好年产量巨大的钢铁厂呢？最主要的一个原因就是，他善于请别人为他做管理工作，总是聘请比他更有管理才能的人为他服务。

1912年，卡内基以100万美元年薪聘请了查理·斯瓦伯为其钢铁公司担任总裁。当时，这一举措震惊了美国各界。因为，当时的100万美元和现在的1000万美元差不多，这不失为一个空前绝后的举动。

卡内基为何重金聘用斯瓦伯为总裁呢？因为他深知斯瓦伯有很强的企业管理才能，相信他为公司获取的利润会远远高于他的薪酬。事实果然不出卡内基的预料，斯瓦伯上任头天，钢铁公司每班的产量就提高了15%左右，即从原来每班产6吨升为7吨，1个月过后，产量倍增。随着产量的大幅度增加，

在同等的人才、设备、物力投入的情形下,成本大幅度降低,赢利额大大增加。

借用他人的智力来达到自己的目的,这是一条成功的秘诀。每个人的智力都有可借之处,"三人行必有我师焉"。只要善于择取他人的智慧为自己所用,获取成功则指日可待。

借梯上楼:经商的诀窍

凡是成功的商人,都是"善借"的高手。他们善于借鉴别人的成功模式,为自己的发展提供助力,从而顺利打开经营局面。从某种意义上说,借梯上楼,实现自己的致富构想,无疑是一种大智慧。

兰州牛肉面历史悠久、味道独特,是备受西北人民欢迎的美味佳肴,也是中国面食的精品。但在许多年前,兰州牛肉面一直没能登上大雅之堂,而只是街边的普通食品。随着改革步伐的加快和人们生活水平的提高,兰州牛肉面终于走出了黄土地,走向全中国。但是兰州牛肉面仅仅是"自发"地进入全国各大城市,因此,牛肉面依然是街头的快餐,没有占领太大的市场。

终于有一天,兰州人借来了麦当劳连锁店饮誉世界的成功"梯子",以"兰州牛肉面大王"为招牌,在全国各大城市开办了连锁店。"兰州牛肉面大王"巧妙学习、借鉴麦当劳的运作模式和成功经验，不断改革、不断创新，终于使牛肉面登上了大雅之堂，从此改变了只摆设在街头的形象。

还有这样一个故事，说的也是这个道理。

每当嚼着香喷喷的巧克力时，许多人都会认为其是瑞士生产的。其实，巧克力并不是瑞士人发明创造的，而是瑞士的企业家瞄准了这种商品后，不断改进、不断提高，才使瑞士的巧克力名扬四海。

1815年，一个叫路斯·凯勒的瑞士青年发现市场上出售的一种糊状产品香气怡人、味道可口，令人垂涎三尺。他经过一番打听，得知这种产品叫巧克力，是意大利生产的。他认为这种产品很有市场，便下决心模仿意大利人，自己生产这种产品。

为了学会制作巧克力的方法与技术，他特意到意大利去学习。工夫不负有心人，他在意大利的一家巧克力制作工厂工作了四年，最终掌握了巧克力的配方和生产技术。学成后，他立刻回到家乡开设了瑞士第一家巧克力工厂，成功生产出一种固体型、入口后迅速融化的巧克力糖。这种巧克力糖迅速成为畅销产品。

瑞士巧克力之所以能够获得成功，关键在于其创始人能够借鉴别人的创意，借梯上楼，巧妙更新，成功研制出受人欢迎的产品。

借助别人的力量壮大自己

如果你没有鞋穿,没关系,你可以借,因为这样会走得更快。借梯上楼是经商的一大诀窍,借助别人成功的经验使自己的能力充分发挥出来是成功的捷径。因此,最有希望获得成功的人,并不是白日做梦的人,而是那些善于借用别人的智慧和经验来实现自己的梦想的人。

让别人的手为自己服务

很多时候,向别人学习更好的经验,把精华的东西融会贯通,用巧妙的方式处理问题,才是最大的智慧。

有这样一个故事:

一个聪明的男孩跟妈妈一起到杂货店买东西。店主很喜欢这个可爱的男孩,就打开一罐糖果,要小男孩自己拿糖果吃,但是这个小男孩没有做任何动作。几次邀请之后,店主亲自抓了一大把糖果放进他的口袋里。回家以后,妈妈很好奇地问小男孩:"你为什么没有自己去抓糖果,而是要等着店主给你抓呢?"

小男孩的回答很巧妙:"因为我的手很小,而店主的手比较大,所以他拿的一定比我拿的多啊!"

这小孩子的聪明不禁让人感叹。他不仅知道自己的能力有限,更重要的是,他明白当别人比自己强的时候就需要借用别人的力量。学会适时地借助他人的力量，是一种谦卑，更是一种智慧。这样的智慧是每个年轻人都应该具备的。

在艺术品拍卖现场，世界各地的艺术品令人目不暇接，当拍卖师拿出一把看起来很普通的古筝宣布"拍卖起价是1元"时，并没有引起多少人的注意，因为后面还有唐宋时期的画作、明清时期的蓝瓷花瓶，那些才是绝世珍宝。可就在拍卖师等待正式叫价的时候，一位女士突然径直走上台去，她二话没说，就开始拨弄起古筝来。这个突如其来的事件让所有在座的人都感到疑惑，没有人知道发生了什么事，但随即人们的好奇心被另一种东西所取代，那就是着迷。那位女士把古筝演奏得出神入化，那优美的音色和高超的演奏技巧令全场人都听得入了迷。

过了一会儿，曲子演奏完了，这位女士把古筝恭恭敬敬地放好，还是一言不发地走下台。这时拍卖师马上宣布这个古筝的起拍价为1000元。等正式拍卖开始后，这把古筝的价格不断上扬，从2000元、4000元到8000元、9000元，最后这把古筝竟以10000元的高价被拍卖出去。

一把原本起拍价是1元的古筝，在演奏出美妙的音乐之后，身价立刻提升1000倍，最后以原起拍价的10000倍被拍走，这看起来是个奇迹，然而它却实实在在地发生了。一味地叫卖只是徒劳，适当地借助外力就可以扭转局面。这把古筝通过外力——女士的双手——展现了自身的价值，而卖家也因为这个

外力成功拍卖了古筝。由此可见,借助外力对我们多么重要。

有才能的人,并非生来就与常人有什么不同,只不过是善于借别人的手为自己服务罢了。在漫漫人生道路上,我们不妨多多借用别人的"手",让自己走得更快、更远。

因势而起,借势而行

能够充分利用周围环境而取得成功的人,是值得我们学习的。因为每个人都不能脱离环境而存在。每个人都应该以不断提升自己的能力和才干为目标,充分利用环境优势,改善自身的不足,进而实现自己的梦想。

借势而行,乘势而上,因势利导,并不容易做到,关键要有敏锐的思维。无论是借势还是乘势,最终的目的无外乎就是取胜。把劣势转化为优势,变被动为主动,使事情朝着有利于自己的方向发展。

有一个小男孩在一次车祸中失去了左臂,但是他很想学习武术。后来,小男孩拜了一个武僧为师,开始学习武术。他聪明好学,学得很不错,但是半年过去了,武僧翻来覆去只教给他一招。小男孩不明白为什么这样。

小男孩终于忍不住发问:"师父,为什么只教给我这一招啊?要不要教些新的招数?"

武僧说:"用不着,这一招足够你用。"

小男孩还是很迷惑,但是他很相信武僧的话,于是勤学苦练武僧教的这招。

又过了半年,武僧带着小男孩去参加武术大赛,小男孩没想到自己轻轻松松就赢了前两个回合。第三回合稍有些困难,但对手很快就变得焦躁起来。小男孩看出了对方的破绽,又取得了胜利。小男孩也因此进入了决赛。

决赛时的对手比小男孩要高大得多,也强壮得多。小男孩因为经验方面的欠缺,曾一度显得有点招架无力,裁判担心小男孩会受伤,就叫了暂停并打算终止比赛。然而武僧却不答应,要求坚持下去。比赛重新开始后,对手放松了戒备,小男孩立刻使出武僧教给他的那一招,战胜了对手,取得了武术大赛的冠军。

回去的路上,小男孩回忆着比赛中的每一个细节,鼓起勇气问武僧:"师父,为什么我会凭借这一招赢得比赛呢?"

武僧答道:"对付这一招的唯一的方法就是抓住你的左臂,而你的左臂却因车祸失掉了。孩子,有的时候人的劣势未必就是劣势,可能反而成了优势。"

武僧使小男孩在武术比赛中取得冠军的诀窍就是借势而行,把小男孩的劣势转化为优势。在通往成功的路上,没有所谓的优势和劣势,关键是如何运用自身的条件。如果学会了"借"

的艺术，把自身的不足之处转化为别人难以击破的独特优势，那么你离成功就不远了。有的人之所以会失败，原因就在于其只是拘泥于自己的劣势，而不是设法借势而行，把劣势转化为自己的优势。

"借"字的含义很深奥，不仅是简单的借来还去。"借"字的深意在于借力而行，乘势而上，把一切不利的因素转化为有利的因素，使事情朝着自己所希望的方向发展，只有这样，才能壮大自己，成就自己。

从合作中获益

俗话说：三个臭皮匠，赛过诸葛亮。这句话强调的就是合作的力量。的确，合作是人类不可或缺的生存方式，在社会分工越来越细的情况下尤其如此。只要你想生存，就离不开合作。

精诚合作、集思广益是人类了不起的能力，它不仅可以创造奇迹，开辟前所未有的新天地，还能激发人们的潜能，使人们即使面对再大的挑战也不畏惧。俗语所说的"一根筷子容易断，十根筷子断就难"，就显示了合作的力量。

科学家通过深入研究红杉，发现许多奇特的现象。一般来说，越高大的植物，它的根就扎得越深。但科学家却发现，红杉的根只是浅浅地浮在地面而已。

从理论上讲，根扎得不够深的高大植物是非常脆弱的，只要一阵大风就能将它连根拔起。红杉又如何能长得如此高大且屹立不倒呢？

研究发现，红杉总是一片片地生长，没有独立高大的红杉。这一大片红杉彼此的根紧密相连，一株接着一株，结成一大片。自然界中再大的风，也无法撼动几千株根部紧密连接，占地面积超过上千公顷的红杉林。除非风力强到足以将整块地掀起，否则再也没有任何自然力量可以动摇红杉。

红杉的浅根也正是它能长得如此高大的利器。它的根浮于地表，有利于快速而大量地吸收水分，使红杉得以快速茁壮地成长。同时，它还不需耗费过多的能量。

红杉提供给我们一个很好的方法：伸出自己的触角，和广大的社会网络相结合，去吸收更丰富的知识及经验，来满足自己发展所需的养分，而不是独自盲目地钻研。

成功不能只靠自己。成功还需依靠别人，只有懂得借助他人力量，你自己才能更成功。

如果你尚未强大，不妨伸出学习的根，和成功者紧密连接，加入成功者的团体，吸收他们的经验，了解成功者的方式，让自己快速地成长。

即使你是一棵参天大树，如果离开了森林，孤立地耸立在草原或者是茫茫的沙漠中，只会因"树大招风"而折枝。

其实，"红杉树效应"的核心，就是把个人融入集体，看

借助别人的力量壮大自己

重"团队精神"。沙子垒不起坚固的挡风墙,但众多幼小的树木,却可筑起一道绿色的长城。

有的人精力旺盛,认为没有自己做不成的事。其实,精力再充沛,个人的能力还是有限。超过这个限度,就是人所不能及的,也就是你的短处了,所以合作就更显重要。每个人有自己的长处,同时也有自己的不足,这就需要与人合作,用他人之长补自己之短。

第二章 维护好自己的人脉圈

有水平更要有人缘

美国哈佛大学的几位教授曾于1924年在芝加哥某厂做"如何提高生产率"的实验。他们发现,人际关系是提高生产率的关键所在,"人际关系"一词由此而生。后来,人们进一步发现,事业成功、家庭幸福、生活快乐都与人际关系密切相关。影响成功的因素中,专业技能仅占15%,人际沟通能力要占85%。因此,"好学问、好水平不如好人缘",并非夸大其词。

一个人素质再高,如果他只是将本身的能量发挥出来,不过能比常人表现得好一点而已;如果他能集合别人的能量,就可能获得非凡的成就。要想借人之力,就要有好人缘。

正因为如此,有好人缘者在社会上越来越受重视。许多公司在招聘高级管理者时,要考察他的人际交往能力,没有好的人缘,能力再强,也不能录用。如在人际关系上有超群的能力,有非常好的人缘,其他条件还可放宽。

莫洛是美国一家银行的股东兼总经理,年薪高达100万美

元。其实他以前不过是一个法院的书记,后来做了一家公司的经理,他实在是人际关系的天才,人缘极佳。他之所以能被这家银行的董事们相中,一跃而成为全国商业巨子,是因为该银行的董事们看中了他在企业界的盛名和极佳的人缘。好人缘给莫洛带来了事业的成功,给公司带来了良好的经营业绩。

好人缘为何如此重要呢?其实不难理解。一个人缘不好的人,大小事情都只能自己去做,即使能力再强,又能做多少事?再者,人生活在社会中,无时无刻不与他人交往,没有良好的人际关系,便不能获得别人的帮助与支持,甚至会处处遇到阻挠,有力无处使。反之,一个善于交往、人缘很好的人,就算他能力平平,也能处处获得别人的帮助,所以,这样的人办起事来如顺风行船,很容易达到目的。

现代社会发展如此之快,虽说活到老,学到老,但总有我们学不完的东西。要想在自己不熟悉的行业有所成就,需借他人之力才行。如何才能获得别人的帮助,最基本的条件就是良好的人际关系,即好人缘。

帮助别人,成就自己

帮助别人成功,是追求个人成功的一种方式。每个人都有能力帮助别人,一个能够为别人付出时间和心力的人,才是真正富足的人。

20世纪50年代初期，有个叫丹尼尔的年轻人，从美国西部一个偏僻的山村来到纽约。他走在繁华的都市街头，啃着干硬冰冷的面包，发誓一定要闯出一片属于自己的天空。

然而，对于没有进过大学校门的丹尼尔来说，要想在这座城市里找到一份称心如意的工作，简直比登天还难，几乎所有的公司都拒绝了他的求职请求。

就在他心灰意冷之时，有一天，他接到一家日用品公司的面试通知。他兴冲冲地去面试，但是面对主考官有关各种商品的性能和使用方法的提问，他吞吞吐吐，一道题也答不出来。说实话，摆在他面前的许多东西他从未接触过，有的连名字都叫不出来。

眼看唯一的机会就要消失，在转身退出主考官办公室的一刹那，丹尼尔有些不甘心地问："请问阁下，你们到底需要什么样的人才？"

主考官微笑着告诉他："这很简单，我们需要能把仓库里的商品销售出去的人。"

回到住处，回味着主考官的话，丹尼尔突然有了奇妙的想法：不管哪个地方招聘，其实都是在寻找能够帮自己解决实际问题的人。既然如此，何不主动出击，去寻找那些需要帮助的人？他想，总有一种帮助是他能够提供的。

借助别人的力量壮大自己

不久,在当地一家报纸上,登出了一则颇为奇特的启事。文中有这样一段话:"……谨以我本人人生信用作为担保,如果你或者贵公司遇到难处,如果需要得到帮助,而且我也正好有这样的能力,我一定竭力提供优质的服务……"

让丹尼尔没有料到的是,这则并不起眼的启事登出后,他接到了许多来自不同地区的求助电话和信件。

原本只想找一份适合自己的工作的丹尼尔,这时又有了更有趣的发现:老约翰为自己的花猫生下小猫照顾不过来而发愁,而凯茜却为自己的宝贝女儿吵着要小猫找不到卖主而着急;北边的一所小学急需大量鲜奶,而东边的一处牧场却奶源过剩……诸如此类的事情,一一呈现在他面前。

丹尼尔将这些信息整理分类,一一记录下来,然后毫无保留地告诉那些需要帮助的人。而他也在一家需要市场推广员的公司找到了适合自己的工作。不久,一些得到他帮助的人给他寄来了钱,以表谢意。

丹尼尔灵机一动,注册了自己的信息公司,业务越做越大,他很快成为纽约最年轻的百万富翁之一。

成功没有固定的模式。幸运从来不主动找你,要靠自己去寻找、去争取。有时候,给别人帮助的同时,其实也为自己创造了成功的机会。

有一天,盟军统帅艾森豪威尔将军乘车回总部参加紧急军事会议。那天大雪纷飞，滴水成冰，气温甚低，艾森豪威尔的汽车一路奔驰。忽然，他看到一对法国老夫妇坐在马路旁边，冻得瑟瑟发抖。他立即命令身旁的翻译官下车了解详情。一位参谋急忙阻止说："我们得按时赶到总部开会，这种事还是交给当地的警方处理吧！"

这时，艾森豪威尔却坚持说："等到警方赶到的时候，这对老夫妇可能早已冻死啦！"

原来，这对老夫妇正准备去巴黎投奔自己的儿子，但因为车子抛锚，所以无法前行，不知如何是好。

于是，艾森豪威尔立即把这对老夫妇请上车，特地绕道去了趟巴黎。送完这对老夫妇之后，才赶去参加军事会议。

尽管艾森豪威尔没有行善图报的动机，然而，他的善心义举却得到了意想不到的巨大回报。原来，那天几个德国兵正埋伏在艾森豪威尔必须经过的那条路上。如果不是因为改变了行车路线，他恐怕就很难躲过这场劫难了。

在前进的道路上，搬开别人脚下的绊脚石，有时恰恰是为我们自己清除障碍！

把握交际的距离和分寸

我们知道，松软、富有弹性的东西可以避免或减轻物体之间的碰撞或挤压。人际交往也是这样。交际中如果带上一定的

第二章 维护好自己的人脉圈

"弹性",就可以缓和彼此间的矛盾,消除相互之间的误会,还给自己留下慎重考虑后再做选择的余地,从而更好地达到交际的目的。

一位生物学家曾研究过狼群,发现每个狼群都有一个半径为15千米的活动圈。把三个狼群的活动圈微缩到图纸上,便出现一个有趣的现象:三个圆圈是交叉的,既不隔绝,又不完全重叠。狼群在划分地盘时,留有一个公共区域。相交部分为它们提供了杂交的可能性,不相交部分又使它们保有自己的个性。这种"交叉圆现象"就是一种相处法则。

这种现象揭示了与亲密的人相处的艺术。亲密的人应该是两个相交但不相重合的圆。交叉部分是彼此共同的世界,可以尽享温馨,不交叉部分是各自独有的天地。即使对于亲密的人,也不应该将这部分慷慨地全部让出。当两个圆没有了距离时,加重的只是阴影。

在这个世界上,和我们相处得很好的人,也常常会和我们发生矛盾与冲突。这是因为我们没有控制好彼此的距离,把握好相处的分寸。

有这样一则寓言。村里住着一个农夫,他的名字叫自己。自己有个邻居,他的名字叫别人。自己矮小,别人高大;自己贫穷,别人富有。自己有事的时候,总喜欢去找别人。别人不好意思拒绝,只得帮他。忙是帮了,但别人并不心甘情愿:他为什么老喜欢给我添麻烦?

久而久之,别人心里的怨气就表现出来了。

当自己求助的时候,别人不是推托就是敷衍,偶尔帮一次忙,最后却总是不尽如人意,给自己帮了倒忙。

与此相反,别人对自己不想让他插手的事情倒是非常热心,简直到了乐此不疲的程度。

自己想穿什么颜色的衣服、想种什么作物、想讨什么样的老婆、想盖多大面积的房子,别人都喜欢指手画脚。不仅如此,别人还喜欢在村子里发表对自己的看法。自己的针尖大的小事,都会让别人搞得满城风雨。

开始自己还能忍受,但是时间一长,他就忍无可忍了。

他决定去法院起诉,让法官给他们断这场官司。

自己指控别人干涉他人的私事,别人指控自己给别人增添麻烦。两人各执一词,争执不下。

听了原、被告双方的详细陈述后,法官做了如下判决:把自己和别人各打50大板。

判决书上还有如下条文:从此以后,自己的事情自己办,绝对不能要求别人;别人对自己的生活,该关心的一定要关心,不该关心的绝对不要关心,更不能横加干涉。

从此以后,自己和别人相安无事。

懂得保持合适距离的人,才能和他人愉快地交往。要想使

双方的友谊维持下去，必须懂得掌控相处的分寸，具体可参考如下建议。

1. 相互保持一定的距离

我们都有权利保护自己的空间。朋友之间要是闯入相互的私有空间的话，关系就会有破裂的危险。此外，我们应该对朋友保持一些神秘感。我们知道具有神秘感的人，越和他交往，越觉得他高深莫测。这样的人，总是有出人意料之举。具有这种魅力的人，一定具有广博的知识与敏捷的反应能力，能够随时应付各种状况，不会出现江郎才尽的窘态。

因此，保持一定的神秘感，保持一定的距离，对双方交往很有益处。别人越是不了解你有多少本事，就越想了解你的实力。培养足够的实力却不刻意表现，这是吸引他人的技巧。

2. 和初次接触的人交往要冷热适度

因为是初交，彼此不怎么了解，心灵尚未沟通，如果过急地亲密接触，则很容易让人产生交往动机不纯或交际态度不端正的看法。

生活中有许多人和别人打交道时总是"见面熟"，这会使对方大惑不解，你的真诚程度在对方心中往往会大打折扣。相反，如果在初次交往时过于冷淡，又易使人产生你目中无人或深不可测的感觉，使人望而生畏。所以，在初次与别人交往时，应通过逐步的接触，视了解的程度和具体的情况，来确定交往的深度。那种急于求成、匆匆结友的做法，恐怕有失慎重。

在日常交际实践中，由于缺乏必要的了解就盲目交友的人常常容易受骗上当，甚至酿成终身之恨。当然，因过于谨慎、过于冷漠而失去交友的良机，也是让人遗憾的事情。因此，在初次交往时，最聪明的做法是让你的交往带上"弹性"，有伸缩自由的余地。

3. 和有隔阂的人交往要慎重谨慎

人与人之间总是存在着隔阂，一旦隔阂存在，在交往时必然产生一定的戒备心理。尤其是与那些本来相识甚至是好朋友的人发生误解之后又重新打交道的时候，只要有一方在处理关系时有所不慎，就可能引起另一方的反感，甚至使双方的关系进一步恶化。

所以，和与自己有隔阂的人交往时，一般应既主动接近，又保持适当的距离；既察言观色，掌握对方心理，又不过于敏感，胡乱猜疑。随着交往的增多，彼此重新认识对方并意识到过去的误解或认识上的差异，那么，双方的隔阂或矛盾自然就会消除。

4. 在一些特定场合下交往要注意自我形象

在有些场合下交往需要讲究点"弹性"。比如在公关活动中，在商业、外交谈判中。在这些特殊的交往场合中，如果不讲究"弹性"策略，就会影响自身形象。一般来讲，在公关活动中，

为了尽最大的努力树立自己美好的形象、扩大知名度、赢得别人的信赖，在交往时应注意维护自己的形象或所代表机构的声誉。如果一味趾高气扬、胡乱吹嘘，不仅破坏了自己的形象，公关也会化为泡影。反之，如果一味低三下四，也会让人倒胃口，让人觉得你的形象丑陋，甚至产生不屑于与你交往的想法。

在商业、外交谈判中也存在同样的问题，双方既是竞争对手，又是合作伙伴，在这种情况下交往，就是要寻找双方都需要或乐于接受的东西。这就需要"弹性"策略，既把关系处理得松紧适度，又能保证不增加矛盾冲突，便于进一步增进联络、加强合作。

5. 在特定情形下的交往要留有余地

人们进行交往总离不开语言。而有些特定语境使人们在言语交际中不可把话说得太肯定、太绝对，而应该灵活多变，可上可下，可宽可窄，可进可退，这就需要在言语交际中带上一定的"弹性"。这样有利于自己掌握交往的主动权。

在交往中时常会遇到这种情况，比如别人要你对某事谈谈看法，而你一时又没有完全的把握，这时你不妨利用判断的不确定性，通过"也许"、"或许"、"可能"、"大概"等词语来表述你的看法，为自己留下余地。

总之，"弹性"策略在交际中的运用是十分有效的，只要你掌握了"弹性"交往的规则和技巧，你就会在与别人的交往中游刃有余，轻松愉快。

把人情做足

人情是人们维系群体关系的有效手段。但你要是以为好心都有好报，做完了人情必能换来交情，那未免太过天真了。有人为朋友两肋插刀，最后却落得骂名或倾家荡产，这样的事并不少见。

所以，人情要做，但做之前要权衡利弊。朋友的人情，不但要做，而且一定要做足。

做足，有两层含义：一是要做完；二是要做充分。

如果你的一个朋友求你办什么事，你满口答应："没问题。"但隔了几天，你给他一个半好不坏的结果，对方虽然嘴上不说什么，但心里肯定会说："这哥儿们，真不够意思，做就做完，做一半还不如不做，帮倒忙。"

做人情只做一半，叫帮倒忙，叫出力不讨好，不但不能为他人排忧解难，而且会影响自己在他人心中的形象。

人情做充分，就是不仅要做完，还要做好，做得漂亮。你答应帮别人办某件事，就要尽心去做，不能做得勉勉强强。如果做得太勉强了，即使事情成了，你的态度也会让对方在感情上受到伤害。

比方说你买了一本好书,朋友来借,你说:"我刚买的,还没看完呢,你想看就先拿去吧。"其实前面的话又何必说呢?最后的结果是借给人家了,你不说是借,说了还是借,与其说些废话,还不如痛痛快快地借给他。书总是你的嘛,等他还回来你尽可以看一辈子,何不把人情做圆满呢?

因此,要牢记:人情要做足。人情做足了自然会赢得朋友的万分感激,甚至让他记挂你一辈子。

把人情做足,好人做到底,你就要想朋友之所想,急朋友之所急。在朋友最困难、最需要帮助的时候,给朋友一个人情。

三国鼎立之前,周瑜在袁术手下为官,做一个小县的县令。这时候地方上发生了饥荒,百姓们没有粮食吃,士兵们也饿得失去了战斗力。周瑜作为父母官,看到这悲惨情形急得心烦意乱,不知如何为好。

周瑜听说附近有个乐善好施的财主名叫鲁肃,就登门借粮。两人寒暄一阵,周瑜就直接说:"不瞒老兄,小弟此次造访,是想借点粮食。"

鲁肃听后哈哈大笑:"此乃区区小事,我答应就是。"

鲁肃亲自带周瑜去察看粮仓,并痛快地说:"也别提什么借不借的,我把其中一仓送给你好了。"

周瑜及手下见他如此大方,都愣住了,要知道,在饥荒之年,粮食就是生命啊!鲁肃可谓送了周瑜一个大人情。

鲁肃做足了人情，和周瑜成了好朋友。后来周瑜当上了将军，他牢记鲁肃的恩德，并将他推荐给孙权。鲁肃终于得到了大展鸿图的机会。

做足人情，还有一个意思，就是你欠了别人的人情，在还的时候，要还足，甚至还更多。人情之账，永远也算不清，从某种意义上讲，这种算不清的账，无疑成了与他人联系的一种纽带。

总之，人情做足了，情谊建立了，关系巩固了，双方才能互帮互助，把事情办好。

学会送礼

现在，人们送礼往往讲究价值，似乎只有礼物值钱，才能体现送礼人情义重。很多时候，我们似乎忘了"礼轻情义重"这句话，而陷入了种种误区中。

英国女王伊莉莎白访问日本时，有一项访问某广播电台的安排。当时该广播电台派出的接待人是其常务董事野村中夫。野村接到这个重大任务后，便收集有关女王的一切资料，加以仔细研究，以便在初次见面时能引起女王的注意而给女王留下深刻的印象。

他绞尽脑汁，也没有想到好主意。偶然间，他看见了女王的爱犬，于是灵感随之而来。他跑到服装店特制了一条绣有女

王爱犬图样的领带。在迎接女王那天,他打上了这条领带。果然,女王很快注意到了这条领带,微笑着走过来和他握手。

野村送出的礼物是无形的,是非同寻常的,这份礼物让女王体会到了他的用心,感受到了他的情意。

送礼,本身是一种礼貌、尊重、感谢的表示,因此,礼物不必价值过高,因为我们不是给对方物质援助或经济补贴。

可是,我们通常出于面子的需要,觉得一件小东西拿不出手,要送,就得送货真价实的大礼。比如,要送水果就得10斤(1斤=500克)等,钱虽然花了不少,但效果却未必好。特别是第一次见面,你一下提了那么多礼物,人家可能认为你有什么不可告人的目的呢。如果主人不肯收,那你的处境就尴尬了,提走不是,不提走也不是。于是你推我让,最后,难下台的还是你。

如果取消"经济价值"的标准,那么什么是合适的送礼标准呢?当然应是令对方高兴。

前些年,一些农村朋友到城里亲威家串门总是带些自家产的西红柿、黄瓜、小米、绿豆等,因为城里缺,或者说不如他送的新鲜,因此主人总是很高兴地收下这些礼物。

所以,当你送礼时不要只考虑面子和礼物的价格,还要记住"礼轻情义重"这句古训,要使对方高兴。

有一年,一位医生到我国南部极偏远的小城行医,他医好了一个穷苦的山里人，没有向他收一分钱。

那山里人回家，砍了一捆柴，走了三天的路，走到城里，把那一捆柴放在医生脚下。也许你会笑他不知道现代的生活里，几乎已经没有"烧柴"这个项目了。

但是，你错了。感情付出是没有徒劳的。那位医生后来向人讲述这故事时总是说："在我的行医生涯中，从来没有收过这样贵重的礼物。"

聪明的人不会只考虑礼物本身的经济价值，因为他们懂得在价值上花心思远远不如在情义上花心思的效果好。

送礼的目的，就是让收到礼物的人感到高兴。这时，就真得要动动脑筋了，送就要送他所喜好的，不然就功亏一篑了。

比如说，有的人喜欢喝酒；有的人爱好品茶；有的人很有艺术品位，对字画、古董等情有独钟。只要懂得收礼人的喜好，送上他喜欢的礼物，他就会动心和动情，体会到你的情谊。

需要说明的是，有的人虽然选对了礼物，但仍让收礼者哭笑不得。我们看一下某公司董事长王女士的故事就知道其中的原因了。

在王女士出国办事回国之前，一位长年移居国外的老朋友送来了一口非常珍贵的大号金鱼缸。

她这时才想起，自己无意间对朋友说喜欢养金鱼。这位朋友也就不惜重金买来了这口鱼缸。

等到朋友放下礼物走后,她对着这口足以养几百条金鱼的大缸,差点晕过去。明明订好机票可以轻松地回去了,又来了一个庞然大物,这飞机不坐不打紧,要紧的是到底怎么把鱼缸运回去。

朋友的情谊竟然变成了让她头痛的事了。朋友怎么就不想一想这样一个大物件让她如何拿回去呢?

所以说,送礼真的是一门艺术,礼物的轻重关系不大,关键是一定要给受礼之人开心和实用,这样才能体现出送礼物的意义。

当然,学会送礼,还要选对时间、地点,更要注意场合。这样才能使人更方便接受。

送礼的场合是可以灵活选择的。有很多人特别喜欢选择晚上到对方家里,但这未必是最好的拜访时间,因为晚上对方很可能不在家里,送去了礼物却未见到要见的人,真的是很遗憾。也许对方在家,但又有别的客人在,即使带了礼物可能也不方便送出。最好的时间就是在他上班还没动身之前,这样既没有旁人打扰,又可以把礼物送到他手中,两全其美。

其实,送礼的关键还是要有适当的理由。没有理由就送礼,对方如果碍于面子,碍于外界的谈论而推辞,这时就更加麻烦了。而有了理由就好办了,这样对方比较容易接受,在感谢你的同时,也不会有太多的顾虑。

比如，如果对方的孩子在旁的话，你就可以把这礼物推到孩子身上，说："这东西是给孩子买的，和您没关系。随便来串门也应该给孩子买点东西嘛！"

又比如，还可以把这件事推到不在身边的爱人身上，说："我就说找您帮忙用不着拿这些东西啊，但我爱人说啥也不听，非让我拿着不可。您看这东西也拿来了，就放在您这儿吧，要不然等我回去，也没法交代。"

所以，只有巧妙掌握送礼的技巧，才能给整个送礼过程画上一个漂亮的句号。

察言观色识人心

言辞和表情能帮助我们窥测他人的内心。学会察言观色，才能更好地读懂别人内心的真实想法。

A化妆品公司的宣传部长刘先生，曾在闲聊时讲了一则他亲身经历的故事。

有一次，一个广告代理商到刘先生那里洽谈生意，谈到与A公司对立的B化妆品公司，这个代理商或许是为了拉广告，就把B公司的宣传机密和盘托出。

刘先生听到这里，忽然想到："此人与我并无深交，为什么会对我泄露B公司的秘密？可想而知，他同样会把我们公司的机密泄露给B公司。"从此他再也不信任这个广告代理商了。

下面这几则小故事也阐明了察言观色对于识人的重要性。

故事一：

晋国重臣文子，有一次因为被案件牵连，匆忙逃命。在慌乱中逃到了一个小镇。

跟随他逃亡的侍从说："统领此镇的官吏，曾经出入八大府邸，可视作亲信，不如先到他家休息，待行李到来，再继续赶路。"

"不行，此人不可信赖。"

"但是他曾亲密地追随过大人……"

"此人知我喜好音乐，即赠我名琴；知我喜好珍宝，即赠我玉石。像这种不用我告之喜好就主动送东西来博取我欢心的人，如果我前去投靠他，必被他抓去献给君王以博其欢心。"

于是，文子不敢稍作停留，连行李都顾不上带就继续赶路。

文子的看法果然不错，后来这个人把文子的两车行李拦截下来，献给君王邀功。

故事二：

鲁国重臣孟孙打猎时捉到一只小鹿，命家臣秦西巴用车子把小鹿带回，在回去的途中，有一只母鹿一直跟在车后哀鸣。

秦西巴觉得小鹿十分可怜，就把小鹿放了。

孟孙返回家中，知道这件事后，极为生气，于是把秦西巴幽禁起来。

但是，三个月之后，孟孙不但赦免了秦西巴的罪，还请他来辅助自己的儿子。近侍惊讶地问:"前些时候,您刚刚处罚了他,如今却又给他委以重任,这是为什么?"

孟孙回答说:"他连小鹿都不忍捉回,对待我的儿子也一定会很仁慈的。"

以上的例子都是根据观察对方在待人接物时所表现出的态度,通过比较来得出是否与之交往的结论。

由此可以看出,有些事情虽然不起眼,却能反映出一个人的道德品质。很多时候,要了解一个人,就要善于从小事入手,观察他的一举一动。通过察言观色,我们能更好地了解别人。

没事也要常联系

人脉需要精心经营和维护,在与朋友的交往中需要培养一种习惯:没事的时候也要记得与朋友保持联络。如果平时连一声问候也没有,等有事相求时再去联络,结果就可想而知了。

就拿一个生活中常见的例子来说,如果你的一个十多年前的小学同学,与你住在同一个城市中,你们彼此都知道对方的联系方式。但是,在逢年过节或者你遭遇不幸时,他从来就没有问候过你。突然有一天,他主动打电话过来要你帮他一个忙,你会怎么想呢?你多少还是会有那么一点不太乐意吧。反过来,如果你与他有过几次联络,或者他在节日或你的生日时问候过你,或者他在你痛苦的时候关心过你,那么这时他打电话过来

寻求你的帮忙,你心里就乐意多了。

这个道理其实很简单,经常与别人保持联系,你才能在别人的心目中占有一定的分量。人脉的维护,重在平时下工夫,没事不联系,有事找上门,是交往的大忌。聪明人的做法是,没事常联系。

李明的人缘很不错,大家都乐意与他交往。工作了两三年,他已经结识了许多朋友,有刚上班的毕业生,也有职场上的老手,还有一些发展得很不错的小老板。李明的同学江华,同样工作了两三年,身边只有几个熟人,很是郁闷。

一次,江华去找李明,向他讨教交际经验。两人到一家小饭馆,边吃边聊。江华说:"我很纳闷,你怎么认识那么多人,还交往得挺不错,我目前认识的还是那几个老熟人,始终没进展。"李明很轻松地说:"其实与人交往很简单,没事常联系就行了。""平常工作忙得很,哪有时间联系呀?""睡觉前几分钟发个短信可以吧?休息日抽空看望一下可以吧?赶上节日问候一下可以吧?对方失业了,慰问一下可以吧?朋友升职了,祝贺一下可以吧?同事、同学过生日,没空去不要紧,打个电话祝福一下可以吧……"江华这才明白过来,注重平常的一些细节,对交往有很大的促进作用。李明接着说:"还有一条是最重要的,不要带着功利心与人交往,没事情常联系,有事情也不要轻易麻烦朋友,自己能做的就不要依赖别人,动不动就麻烦朋友，朋友会怎么看你？""有道理！"江华恍然大悟。他以前做得很不好，很少主动与朋友联系，时间一长，彼此的关系就疏远了。等疏远以后再联系，总觉得找不到共同话题，这样就很难交流了。江华下决心今后一定要做好与朋友常联系的工作。

与人交往要做到友谊第一，不能带有功利心。许多人刚认识对方没几天，就找上门让对方办事，对方即使嘴上不说，心里也肯定不舒服。有的人从来不与别人联系，有事就直接找对方，不是称兄道弟，就是攀亲道故，别人即使能帮忙，也会觉得你功利心太强，从而不愿意帮助你。

阿强与人交往就很有目的性。他觉得朋友就是互相利用的，不然就没必要搞交际了。一次，朋友为他介绍了一位公司的经理，阿强很兴奋，主动让朋友约那位经理一起吃饭，当然是阿强买单。朋友也没拒绝，随后几个人到饭店喝得"沉醉不知归路"。阿强握着那位经理的手说："以后有什么事情，还请您多多关照……"这位经理也随声应和着。

事后阿强就将对方忘了。不到半年，阿强工作出了问题，上司要将他调到别的部门，阿强不愿去，就想辞职。但是，他怕工作不好找，就打算先找工作，等工作找到后再提出辞职。但是，他向许多朋友打听了，各家单位都不缺人，有的还忙着裁员。最后阿强想起半年前认识的那位经理，他想：那位朋友

第二章 维护好自己的人脉圈

借助别人的力量壮大自己

既然是经理,就应该有点实权,如果托他帮忙,说不定会有希望。于是阿强翻箱倒柜地找名片,最后在床头柜的抽屉里找到了那位经理的名片,就打电话向他求助。经理被弄得一头雾水。阿强说他与朋友阿杰陪经理吃过饭的,如今要请他谋份工作。经理说要看看公司的情况。经理放下电话气就来了,心想:还有这种人?平时连个电话都不打,这会儿突然要我为他找工作,哪有这等好事?其实,要不是阿强提起阿杰,这位经理早已想不起阿强了。

到头来阿强的工作也没落实,朋友阿杰还打来电话责备他:"你怎么如此莽撞地找那位经理办事,连我都被他责怪了。工作的事你自己看着办吧!"阿强碰了一鼻子灰,只能待在原来的单位。

本来是个很好的关系,却被阿强给搞砸了。如果前期他与那位经理经常联系,逐渐加深他的印象,时机成熟后再说工作的事,也不至于一下子就把关系弄砸了。

人脉关系需要在平时精心维护。我们在交往中要培养一种习惯:没事的时候与朋友保持联络。如果平时连一声问候也没有,有事时才找出尘封已久的名片,向他人求助,这是纯粹的功利交际。抱着这样的想法去与人交往,注定要失败,因为谁也不想被人利用。

我们细心观察一下就会发现,平时细心、周到、热心肠的人，人缘就好。因为他们懂得关心别人，让朋友体会到被关心、被尊重的温暖，这样即使他们不想求人，朋友也会主动来帮忙。我们平时联系朋友，就像银行业务中的零存整取，平时一点一点储蓄，一年、两年后就有一笔"钱"了，这笔"钱"就是交情。平时不联系，互相不来往，相当于不存钱；有事才想到找人帮忙，相当于从存折中取钱，平时不存钱，有事才取钱，哪有钱可取呢？

因此，我们要积极地与新老朋友保持密切的联系，为彼此的友谊打下牢固的基础。

好谈吐换来好人缘

在当今社会，事业的成功离不开好口才，人脉的兴旺同样需要好口才。拥有好口才，就能赢得人脉，获得好人缘。

有一次，余小姐和几个同事一起去参加省里的业务考试。当她走进考场时，只见自己的桌子上有三个大钉子分布成三角形立在桌面上。如果不注意，不仅会弄破衣服，还会影响答题的速度。余小姐一脸的怒气地要求监考老师换桌子，可监考老师说："现在不能换，别违反考场纪律！"余小姐气得柳眉倒竖，连说："真倒霉，不考了。"这时，一位同事打圆场说："有几个钉子算什么！"余小姐说："你说得轻松，这可是三个钉子，躲都躲不过去呢！"这位同事说："你太幸运了，我还求之

不得呢！"余小姐说："你别拿我开心了，这么倒霉的事要让你碰上，你还能说幸运？"这位同事说："你知道这三颗钉子说明了什么吗？这叫板上钉钉，说明你今天的三科考试铁定都能过关。"余小姐听后马上转怒为喜："借你的吉言，我今天要是三科都及格了就请你去吃麦当劳。"结果一个月后公布成绩，余小姐果然三科都顺利过关了。

这位同事真是个会说话的人。他巧妙地把人们常说的"板上钉钉"与桌子上的钉子联系在一起，这样一来不仅平息了余小姐的怒气，还让她产生积极的联想，使她在愉快的心境下参加考试并顺利通过。试想一下，假如你就是余小姐，你会不喜欢这位同事吗？这样会说话、会用巧妙的语言宽慰、鼓励他人的人，无论走到哪里都会得到别人的欢迎。

人与人之间进行思想交流和感情交流，最直接、最方便的途径就是语言。通过出色的语言表达，可以使相互熟知的人感情更深，可以使陌生的人产生好感、建立友谊，可以使有分歧的人相互理解、化解矛盾，也可以使相互仇视的人化干戈为玉帛。

刘复才为江夏县知事，思维极为敏捷，常常在双方争执不下之际，用一两句话为双方打圆场。都督张之洞和抚军谭继洵平时意见就不太一致。这天，刘复才设宴，二人及其他客人都在座。酒过三巡，诸位都有些醉意了。忽然，一位客人不知怎么谈到了武汉江面有多宽的问题。谭继洵说有五里三分宽，他的话音未落，张之洞就说："不对！我记得是七里三分宽。"

两人顿时争执起来，互不相让，旁边坐着的诸位客人纷纷劝说，也无济于事。大家一下子都不知道说什么好，只好任由他俩争执。

刘复才坐在末座，看见席间这番争执，感到不应继续下去。他急中生智，说道："江面水涨，则宽七里三分。水落，则五里三分宽了。张公是就水涨时说的，谭公则是就水落时说的。两位先生都没有错。"

张之洞和谭继洵听到这话，都大笑起来，席间顿时恢复了原有的轻松气氛。就这样，刘复才用妙语打了圆场。

在生活中，这种能说会道的"和事老"，能不受人欢迎吗？

世界上没有十全十美的人。总是说人家的短处，或揭别人的隐私，不仅有损别人的声望，而且表明你为人卑鄙。如果你想成为受欢迎的人，千万不要做这种人。要是有人向你说别人的短处时，你最好就是一听了之，不要深信片面之词，更不可当传声筒。

日常的许多无谓的事情，往往容易引起争辩，然而这种争

借助别人的力量壮大自己

辩很容易使个人的形象受损。我们知道要用争辩压倒对方是不可能的，即使对方暂时表示屈服了，但肯定不是心悦诚服。好争辩的人，会损害别人的自尊心，使别人对你产生反感情绪，还容易忽视自身修养的提高，变得骄傲自大、自以为是。所以，说话时要注意维护他人的自尊心，这样可以使你变成受人欢迎的人。

同样，人们常常谈论自己的事情，在别人面前夸耀自己，其实这是很愚蠢的行为。这不仅不能引起别人的好感，还会令人觉得好笑。所以，你若想成为一个受欢迎的人，千万不要随便夸耀自己。你应当明白，个人的事业、行为在旁人看来是清清楚楚的，没有必要自己说出来。忘记你自己，而尽量引导别人多说他自己的事，并认真地去倾听，你一定会留给对方最佳的印象，成为一个受欢迎的人。

拥有良好谈吐的人，总是受人欢迎。他们能使许多素不相识的人携起手来，成为朋友；他们能够为别人排忧解难，消除疑虑和误会；他们能够鼓励悲观厌世的人，微笑着迎接生活。因此，要想拥有好人缘，你应该首先锤炼自己的口才。

恪守信义得人心

所谓恪守信义，是指许诺一定要兑现。答应了别人什么事情，对方自然会指望着你，一旦别人发现你开的是"空头支票"，说话不算数，就会产生强烈的反感。"空头支票"会给人添麻烦，也会使自己名誉受损。所以，对别人委托的事情要尽心尽力地去做，并且不要许诺自己根本做不了的事情。

东汉时，汝南郡的张劭和山阳郡的范式同在京城洛阳读书。当学业结束要分别的时候，张劭站在路口，望着长空的大雁说："今日一别，不知何年才能见面……"说着，流下泪来。范式拉着张劭的手，劝解道："兄弟，不要伤悲。两年后的秋天，我一定去你家拜望老人，同你聚会。"

落叶萧萧，篱菊怒放，这正是两年后的秋天。张劭突然听见长空一声雁叫，不由得自言自语："他快来了。"说完赶紧回到屋里，对母亲说："妈妈，刚才我听见长空雁叫，范式快来了，我们准备准备吧！""傻孩子，山阳郡离这里1000多里（1千米=2市里）路，范式怎么来呢？"张劭说："范式为人正直、诚恳，极守信用，不会不来。"他妈妈只好说："好，好，他会来，我去打点酒。"其实，老人并不是相信了，只是怕儿子伤心，宽慰宽慰儿子而已。

第二章 维护好自己的人脉圈

约定的日期到了,范式果然风尘仆仆地赶来了。旧友重逢,亲热异常。老妈妈激动地站在一旁直抹眼泪,感叹地说:"天下真有这么讲信用的朋友!"范式重信守诺的故事一直被后人传为佳话。

讲信用,守信义,是立身处世之道,是一种高尚的品质和情操。它既体现了对他人的尊敬,也表现了对自己的尊重。因此,我们反对那种"言过其实"的许诺,更反对"言而无信"、"背信弃义"的丑行。

古代寓言"曾子杀猪取信",说的就是这样一个故事。

一天,曾参的妻子要上街,儿子哭着要跟着去。妻子哄他说:"你在家里等着,妈妈回来杀猪给你吃!"儿子信以为真,不哭闹了。妻子从街市回家后,只见曾参正拿着绳子在捆猪,旁边放着一把雪亮的尖刀。妻子赶上去说:"我刚才是哄孩子的,你怎么当真了呢?"曾参严肃而认真地说:"那可不行,当父母的不能欺骗孩子。如果父母说话不算数,孩子小不懂事,就会跟着学,那就太不好了。"妻子为难地说:"那可怎么办?"曾参果断地说:"就照你说的办吧!这叫'言必信,行必果'。"

明代《郁离子》一书中有一则商人因失信而丧生的故事:

济阳某商人过河船沉,他拼命呼救,渔人划船相救。商人许诺道:"你如救我,我付你100两金子。"渔人把商人救到岸上。商人只给了渔人80两金子,渔人斥责商人言而无信,商人反责渔人贪婪。渔人走了。后来,这商人又乘船遇险,再次遇上渔人。渔人对旁人说:"他就是那个言而无信的人。"众渔人停船不救,商人淹死在河中。这就是言而无信的后果。

人离不开交往,交往离不开信用。"小信成则大信立",治国也好,理家也好,做生意也好,都需要讲信用。一个讲信用的人,能够做到言行一致,表里如一。守信是取信于人的第一要素,也是取信于人的方法。具有人格魅力的人,应该是守信的人,诚实的人,靠得住的人。

如果有一天,当你与客户谈话谈到海南的椰子很有名时,你说此话的原因当然不是在暗示他,你想要吃椰子,而只是将其列入话题罢了。因此,在听到这位客户说"正好下周我去海南,到时候我带来两只送给你"后,你可能不会将此话当真。

但令你吃惊的是,一星期后你收到了这位客户送来的椰子。你会惊讶,因为你没有想到在世界上竟然还有如此老实憨厚的人。也许就是这一次,你会对这位客户的印象非常良好。

或许有人会认为反正对方也不是认真的,又何必如此认真地去履行承诺呢?实际上,就是因为对方不当真,你却以认真的态度去履行诺言,所以产生的效果才会更好。

守信的一个重要表现就是一诺千金,信守诺言。不要轻易

向别人许诺什么，一旦许下了诺言就要兑现，要给人一种信守诺言的印象，这种印象将给你的生活和事业带来莫大的收益。

当然，有一些诺言能否兑现得了，不只是决定于主观的努力，还有客观的因素。有些事按照正常的情况是可以办到的，后来因为客观条件起了变化一时办不到，这是常有的事。我们在工作和生活中要取得信任，切记不要轻率许诺，许诺时更不要斩钉截铁地拍胸脯，应留有一定的余地。

有的人面对别人的请求时，虽然心里很想拒绝，但是又觉得拒绝了对方，是伤害了对方的自尊心，或是担心被指责为不讲义气，所以就违心地答应下来，随后便懊恼不已；有的人好轻易许诺，以显示热情，但又没有足够的能力去兑现诺言，往往失信；有的人事到临头或在兴奋时刻，慨然应允送给别人某件物品，可冷静之后，又十分舍不得，后悔莫及，常常失信；有的人对于自己根本办不到的事，也敢拍胸脯、打包票，事后总不能兑现，总是失信。这些人往往不知道做人要以严格守信为先，不知道兑现诺言的重要性。

所以，是否对他人许诺要根据自己的实际情况来决定，当自己无能为力或难以给予的时候，还是保持沉默的好，或者诚恳地说一声"不"、"对不起"。在回绝的时候应做到友好、轻松、诚恳，因为这样的拒绝并无恶意，别人会理解你的苦衷并体谅你的。

讲信誉是我们每个人都应该做到的事情。对不应办的事情或办不到的事情，千万不能轻率应允，一旦允诺，就要千方百计去兑现。人如果经常失信，不仅会破坏自身形象，还将影响自己和他人的关系，甚至是自己的事业。

你的礼仪很重要

仪态是一个人品德修养的外在体现，不了解你的人往往会通过你的行为举止来评判你的人格。

因此，我们不能不注重礼仪的学习。你可以想象出一个容貌美丽、身材很好的女性口吐脏字、粗俗无礼吗？粗俗恶劣的举止是你形象的最大破坏者。

当然，讲究礼仪还必须注重礼仪的的基本原则。下面几点原则值得重视。

1. 尊敬原则

尊敬是礼仪的情感基础。在我们的社会中，人与人是平等的，尊重他人，能说明一个人具有良好的个人素质，正所谓"敬人者人恒敬之，爱人者人恒爱之"，"人敬我一尺，我敬人一丈"。当然，礼待他人也是一种自重，不应以伪善取悦于人。总之，对人尊敬和友善，这是处理人际关系的一项重要原则。

2. 谦和原则

"谦"就是谦虚,"和"就是和善、随和。谦和既是一种美德,更是社交成功的重要条件。《荀子·劝学》中提到:"礼恭而后可与言道之方,辞顺而后可与言道之理,色从而后可与言道之致"。即是说只有举止、言谈、态度都是谦恭有礼时,才能从别人那里得到教诲。

谦和,在社交场上表现为平易近人、热情大方,善于与人相处,乐于听取他人的意见,显示出虚怀若谷的胸襟,对周围的人具有很强的吸引力,有着较强的调整人际关系的能力。

当然,我们此处强调的谦和并不是指过分的谦虚、无原则的妥协和退让,更不是妄自菲薄。

3. 宽容原则

宽即宽待,容即相容。宽容,就是心胸坦荡、豁达大度,能设身处地地为他人着想,谅解他人的过失,不计较个人得失。我们历来重视并提倡宽容的道德原则,并把宽以待人视为一种为人处世的基本准则。遵循宽容原则,凡事想开一点,眼光看远一点,善解人意、体谅别人,才能正确对待和处理好各种关系与纷争,争取到更长远的利益。

4. 适度原则

古话说:"君子之交淡如水,小人之交甘如醴。"此话不无道理。在人际交往中,沟通和理解是建立良好人际关系的重要条件,但如果不善于把握沟通时的感情尺度,即人际交往缺乏适当的距离,结果会适得其反。因此,在一般交往中,既要彬彬有礼,又不能低三下四;既要热情大方,又不能轻浮谄谀。所谓适度,就是要注意感情适度、谈吐适度、举止适度。只有这样才能真正赢得对方的尊重,达到交往的目的。

第三章 借朋友的力量壮大自己

朋友是事业发展的动力

朋友能够推动你事业的发展，帮助你实现自己的愿望，给你提供一个展示自我才华的机会和舞台。在你遭遇困境的时候，他还会帮你解困。信赖和依靠你的朋友，你会早日走向成功的彼岸。

姚崇是唐玄宗时期有名的宰相。在姚崇的朋友之中，有一位叫张宗全的秀才。他是深谙为友之道的高手，被姚崇提拔为三品高官。

一次，老师要姚崇与张宗全就某个题目做一篇文章，两天之后交卷。他们下去都精心做了准备，将自认为写得最好的一篇交了上来。事有凑巧，姚崇与张宗全所写的内容几乎完全一样，且观点也相当一致。自己门下最得意的两个门生剽窃他人作品，这如何了得？老师非常恼火。

看到这种情况，姚崇据理力争，声明文章绝非剽窃。张宗全的作品也非剽窃他人，但他为了平息老师的怒火，就对老师说："前两天与姚崇兄论及此题，姚兄高谈阔论，我深感佩服，遂引以为论。"

老师听到这番话，也知错怪了两位学生，就不再追究了。事后姚崇为张宗全的宽广胸襟所感动。姚崇当宰相后，遂向唐玄宗推荐此人。唐玄宗在亲自考核张宗全的才华之后，便封了他一个正三品官衔。

用你的真诚去对待每一位朋友，无论亲疏，无论穷富，这样他们会在关键的时候帮助你。

著名的维克多连锁店从发展到壮大就是依靠朋友的力量来实现的。

维克多从父亲的手中接过了一家食品店，这是一家古老的食品店，很早以前就存在而且已出名了。维克多希望它在自己的手中能够发展并壮大。

一天晚上，维克多在店里收拾，第二天他将和妻子一起去度假。他准备早早地关上店门，以便做好准备。突然，他看到店门外站着一个年轻人，他面黄肌瘦、衣衫褴褛、双眼深陷，很像一个流浪汉。

维克多是个热心肠的人。他走了出去，对那个年轻人说道："小伙子，有什么需要帮忙的吗？"

年轻人略带腼腆地问道："这里是维克多食品店吗？"他说话时带着浓重的墨西哥味。

"是的。"维克多回答道。

年轻人更加腼腆了，低着头，小声地说道："我是从墨西哥来找工作的，可是整整两个月了，我仍然没有找到一份合适的工作。我父亲年轻时也来过美国，他告诉我他在你的店里买过东西，喏，就是这顶帽子。"

维克多看见小伙子的头上果然戴着一顶十分破旧的帽子，那个被污渍弄得模模糊糊的"V"字形符号正是他店里的标记。"我现在没有钱回家了，也好久没有吃过一顿饱餐了，我想……"年轻人说道。

维克多知道眼前站着的人只不过是多年前一个客户的儿子，但是，他觉得应该帮助这个小伙子。于是，他把小伙子请进了店内，让他饱餐了一顿，并且给了他一笔路费，让他回国。

不久，维克多便将此事淡忘了。过了十几年，维克多的食品店越来越兴旺，在美国开了许多家分店，他决定向海外扩展。可是由于他在海外没有根基，要想从头发展也是很困难的。为此维克多一直犹豫不决。

正在这时，他突然收到从墨西哥寄来的一封信，寄信人正是多年前他曾经帮过的那个流浪青年。

此时那个年轻人已经成了墨西哥一家大公司的总经理，他在信中邀请维克多来墨西哥发展，与他共创事业。这对于维克多来说真是意外的惊喜。有了那位年轻人的帮助，维克多很快在墨西哥建立了他的连锁店，而且发展得异常迅速。

朋友是你永远的财富，失去了朋友，你的人生则会变得黯淡无光，没有任何希望和乐趣。

志同道合才有共同目标

一个人要实现自己的理想必须找到志同道合的朋友，毕竟个人的能力有限，精力有限。只有和志同道合的朋友共同完成工作，才能不断地实现自己的理想。

在比尔·盖茨的创业团队中，最不应该忽视的就是他的好朋友保罗·艾伦。这个与他志同道合的伙伴，与盖茨有着进军软件业的共同目标，两个人一起度过了创业初期的日子。

艾伦是盖茨的中学同学。其父亲当过20多年的图书馆助理管理员，因此他从小博览群书。1968年，与盖茨在湖滨中学相遇时，比盖茨年长两岁的艾伦以其丰富的知识赢得了盖茨的尊敬，而盖茨的计算机天分，也使艾伦倾慕不已。两人成了好朋友，一同迈进了计算机王国，掀起了一场软件革命。

在谈到他们之间的友谊时，盖茨回忆说："他读了四倍于我的科幻小说，另外，他还有许多解释自然之奥秘的书，所以，我就问他有关'枪炮工作原理'和'原子反应堆'之类的问题，保罗把这些都讲解得头头是道。后来，我们经常在一起做数学和物理作业，这就是我们成为朋友的原因。"

艾伦的特点是说起话来柔声柔气,为人很谦虚。这一点在最初的公司业务开展中起了很大的作用。在与罗伯茨合作改进BASIC程序的过程中,罗伯茨虽然敬重盖茨的技术能力,但非常不喜欢他的对抗方式。罗伯茨说:"盖茨是一个被宠坏了的孩子,这就是问题的所在。艾伦比盖茨更富有创造性,盖茨和我争来争去,但是也拿不出来一个好办法,可是艾伦能。"

艾伦是一个喜欢技术的人,所以他专注于微软新技术的研发。盖茨则以商业为主,共同的理想使得这两位创始人配合默契。艾伦在研发BASIC语言和操作系统方面显示了充分的远见。正是对于技术上的敏感,艾伦才不断地向盖茨提出创办公司的要求。

微软公司开办之初,盖茨在合作协定中获得了微软公司大部分的权益。在公司股份中,盖茨占60%,艾伦占40%。因为盖茨可以证明他在BASIC语言的最初开发中做得更多,而艾伦也认可这一点。不久以后,这种比例又进一步调整为64∶36。但是,不能划分的是盖茨和艾伦这个精干的创业团队。他们两个人朝着软件业的顶峰共同迈进。

艾伦为盖茨制定了"先赢得客户,再提供技术"的公司发展战略。1981年,国际商用机器公司的个人计算机问世,急需一个配套操作系统。艾伦从西雅图计算机公司搞到了SCP-DOS程序的使用权,两人对该软件程序做了扩展改编,重新命名为

MS-DOS，再返销给国际商用机器公司。MS-DOS 是微软公司开始走向世界软件业第一品牌的发家宝。

人并不一定要找最优秀的同伴，但一定要找志同道合的朋友，只有志同道合的朋友才能够激励你在理想的路上走得更远，而不会轻言放弃。

朋友的成果不可占

向朋友学习，取长补短，无可非议。但是需要强调的是，我们借鉴的是朋友的方法，学习的是朋友的经验，而不能侵占朋友的劳动成果。

小文刚进一家公司时，为了得到办公室主管的认可，几乎成了工作狂，并常常能想出很多新颖实用的点子来。他的第一次策划就得到了主管的表扬。主管的嘉奖让他更加自信。

小文的同事小张是他自认为最好的朋友。当小文忙得不可开交时，小张会适时地递上一杯咖啡；当小文加班时，小张又会送来盒饭；当小文需要参考资料时，小张总是主动帮小文打印好需要的材料。小张就是这样通过一点一滴的小事感动着小文。

一次，小文完成了一项策划，并将策划书上交给主管。谁知第二天主管找到他，说："小文，我本来很看重你的才华和

敬业精神，想不出新点子也没什么，但你不该抄袭其他同事的创意。"主管见小文一脸惊讶，就递给他一份策划书。小文一看，天哪，竟然与自己的策划案一样，而策划署名是张××。

面对主管的不满和好朋友小张的策划书，小文哑口无言，因为他没有任何证据证明自己的清白。后来他终于等到了机会，他接了一个很重要的任务，比平时更忙碌，他从自己设计的多种方案中筛选出两个方案，做出A、B两份策划书，明里小文还是接受小张的帮助来做，但暗地里小文已把B方案策划书做好交给了主管，并请主管配合他先不要说出去。果然，不久同事小张交上了一份和A方案颇为相似的策划稿，明白真相后的主管非常恼火，请小张另谋高就。如果小文不够精明，到最后走人的可能就是他自己。

每个人都有取得成功的愿望，面对成功，很多人自然而然地首先想到自己，在竞争激烈的情况下甚至会勾心斗角，侵占朋友的工作成果。然而这样做只会搬起石头砸自己的脚，最终害了自己，也失去了朋友。要想借助朋友的力量提升自己，唯有虚心求教，通过自己的努力创造出成果。这才是真正的途径。

优势互补，成就辉煌

在与朋友的交往中，人们常常受方位的邻近性、接触频率的高低性和意趣的相合性影响，结交和自己性格、特点相近的人。其实，决定交往对象范围的主要因素，应该是"需要的互补性"。如果你发现自己某方面个性有缺陷而又对某人这方面的良好个性十分羡慕和敬佩的话，那么你为什么不可以主动找他谈谈，用自己的感受与苦衷来使他说出自己的体会与经验呢？

王石是万科公司的董事长兼总经理，也是一位善借他人之力的智者。他在经营万科的过程中，多次向社会招聘贤才。

N君原是万科公司的一名职员，可不知什么原因，忽然不辞而别，被聘到一家酒店做业务经理。

王石在公司与N君一起工作的时候，发觉N君很有才干，且上下左右的关系也处理得非常融洽，这样挥手而去，很是可惜。而且他自己在有些方面存在不足，N君又恰恰有这些方面的长处，双方取长补短，不是更好吗？于是王石左思右想，花了很大力气，终于说服了N君重新加入了万科公司，而且当年在N君的配合下，齐心协力，为公司赚了几百万元，使得公司营业额超过两亿多元，在深圳五家上市公司中名列第二。

选准对象，抓住时机，主动出击，以己之诚意去广交朋友，这对博采众长、克己之短、完善自我是很有好处的。这一点在与朋友的共事上十分重要。

著名的微软公司在用人上非常注重一个因素——互补性。这在微软创业团队中的另外一个传奇人物身上体现得十分明

显。这个人在微软的早期并不是特别重要的人物,但现在他却是微软公司的首席执行官——史蒂夫·鲍尔默。他同样是盖茨的同学,是盖茨在哈佛大学同一层宿舍楼的好朋友。

1980年,即比尔·盖茨创建微软公司的第六个年头,盖茨聘请比自己小一岁的好朋友鲍尔默担任总裁个人助理,也就是他自己的助理。当时微软公司才16名员工,鲍尔默是第17位员工。鲍尔默成为微软第一位非技术的受聘者。从此,鲍尔默就开始了他在微软公司的创业生涯。

鲍尔默对计算机没有兴趣,也不具备基础技术知识。但他与盖茨一样对数学有着浓厚的兴趣。鲍尔默与盖茨不同的是,他善于社交。鲍尔默穿梭于哈佛的每一个角落,他似乎认识哈佛的每一个人。鲍尔默有句名言:"一个人只是单翼天使,只有两个人抱在一起才能飞翔。"

接下来,鲍尔默几乎在所有部门招聘培养高素质的管理人员,管理重要的软件开发团队,同英特尔和国际商用机器公司等重要伙伴打交道,控制公司的营销业务并建立了庞大的全球销售体系。鲍尔默的天赋之一就是激励才能。性格开朗的他与性格偏内向的盖茨成为完美搭档。

鲍尔默是天生的激情派。他的管理秘诀就是激情管理。激情管理,即给人信任、激励和压力。无论是在公共场合发言,还是平时的会谈,或者给员工讲话,他总要时不时把一只攥紧的拳头在另一只手上不停地击打，并以一种高昂的语调说话。

鲍尔默的出现无疑为微软公司增添了更多的活力与激情。而且他在管理方面的得心应手让盖茨终于得以从捉襟见肘的管理状态中逃脱出来。

所以说，微软公司所取得的巨大成就与鲍尔默的贡献是分不开的。

不难看出，盖茨成为世界巨富靠的并不是运气，而是在创业过程中选择了合适的合伙人。通过与性格、能力互补的朋友共同创业，盖茨将对方的优势运用得恰到好处。这样的搭档选择，使创业成功的概率也增加了数倍。

因此，我们应当打破各种无形的界限，积极参加相应的交往活动，主动选择有益的朋友，并借助这样的朋友的力量提升、壮大自己。

对朋友的帮忙心存感激

在求朋友办事时，许多人存在这样的心态：对方帮自己办事，如果办成了，理所当然要感谢对方；如果事情没有办成，就不必感谢对方了。其实，这种心态是不对的。对方虽然没有帮你把事情办好，但他尽了自己最大的努力，没有办成，不是他的原因，而是其他原因所导致的。

借助别人的力量壮大自己

在现实生活中,求人办事并不是一锤子买卖,这次由于某些原因对方没能把事情办成,可能下次有机会可以帮你把其他的事情办好。如果你认为对方反正没把事办好,用不着去感谢对方,那么对方可能认为你没有人情味,以后可能不会再帮你忙了。

我们交朋友的目的不仅仅是为了从朋友那里获得帮助,如果我们一心向朋友索取,则很难得到真正的友谊。相反,与朋友互帮互助,在朋友给予我们帮助后懂得感激,则会赢得更多的朋友。

司徒笑和袁烈是发小,从小一起长大,后来两个人分别去了不同的城市读书,联系也渐渐少了。除了每年过节的时候能回家聚上一聚,平时根本没有机会见面,但是两人的关系并没有因此而疏远。大学毕业以后,司徒笑在国企上班,生活还算不错,而袁烈则自己出去打拼,可是一番折腾下来,不但一分钱没有赚到,还赔了不少钱,生活陷入了困境。

袁烈从小就是一个不服输的人,这一次虽然摔得很惨,但是他还是没有放弃独闯的梦想。可是,第一次的失败已经让他的本金付诸东流,根本没有再次投资的资本。想来想去,他只能求助于司徒笑了,虽然两人联系不是很频繁,但是凭着两人的交情,他一定会乐意帮忙的。于是袁烈尝试着给司徒笑打了一个电话。司徒笑得知袁烈的状况之后,二话没说,就把自己所有的积蓄——十万元钱都借给了他。

有了十万元钱做本钱，袁烈再一次经营起了自己的生意，这一次袁烈有了经验，也变得谨慎了许多，生意也就慢慢有了起色。随着生意越做越好，袁烈也赚到了不少钱。他在第一时间把十万元钱还给了司徒笑。为了表示自己的感激之情，袁烈还特意多加了一万元的利息，但是司徒笑坚决没收。

正所谓"天有不测风云，人有旦夕祸福"。几年以后，司徒笑碰到了一连串的打击。随着国有企业改革的深入，司徒笑所在的企业由于效益不佳而倒闭，司徒笑因此失去了工作。紧接着，他的母亲病倒，大笔的医药费没有着落。正在他一筹莫展的时候，袁烈及时地向他伸出了援手。那个时候，袁烈的生意越做越大，已经是一个不大不小的老板了。他不仅帮司徒笑解决了母亲的医药费的问题，还帮他联系了一份不错的工作。就这样，在袁烈的帮助下，司徒笑的生活开始有了起色。

现实生活中，很多人功利心太重，似乎没办成事，就没必要感谢对方，这样做会让朋友寒心，以后办事如再需要朋友帮忙的话，谁还愿意帮你呢？

有一个在北京工作的医生，春节时准备回老家过年，但他临时有任务，抽不出时间提前去买火车票，便托付一个好朋友替他去买票。

朋友马上跑到火车站，排了两个小时的队，轮到他时，火

借助别人的力量壮大自己

车票卖完了。朋友无功而返,医生很不高兴,不但连一句感谢的话都没有,还给了朋友一个难看的脸色。

朋友排了两个小时的队,虽然没买到票,但是没有功劳也有苦劳,连一句感谢的话都没听到,也很生气,一句话没说就走了。

朋友没买上票,医生就没有去感谢他,朋友心里自然不好受。当然,这位朋友再也不会帮医生办任何他能办到的事情了。

很少有词语一讲出就立刻赢得对方的好感,然而,"谢谢"这个词却有这个魔力。说声"谢谢"是世界上最容易,也最可靠的办法。它是赢得友谊、求人办事的法宝。

在托朋友办事时,不要太苛求,只要对方为你办事,即使没有办成,也要向对方表示感谢,这一点是千万不可忽略的。如果朋友历尽周折,因为某种原因并没有办成你所托的事,你就连一句"谢谢"和感谢的话都没有,那么对方必然再也不想帮你办事了。

交朋友的原则

交朋友是一门学问,究竟怎样交朋友才是正确的呢?不妨参照以下几点。

1. 交友必须谨慎

交朋友时一定要注意，要选择志同道合的人做朋友。在选择朋友前，首先要明确自己需要什么样的朋友，哪种朋友会对自己的发展有帮助，哪种朋友值得你去与之交心。有些人简单地认为：你为我赴汤蹈火，我也会为你两肋插刀的朋友就是知己。他们根本没有考虑过，这样的朋友到底适不适合自己，是不是与自己志同道合。正所谓"近朱者赤，近墨者黑"，即使你与这些人道不同，但久而久之就有可能受他们的影响。

所以，一定要慎重地选择朋友，绝对不能让那些道德品质不良的人混入你的人脉网中，以免造成不良后果。

2. 朋友太多没好处

生活中，确实存在着这样一种人，以结交众多朋友为荣，可以说上至达官贵人，下至三教九流，无一不当做朋友。严格地说，这并不是在创造幸福美好的人生，而是一种对自己不负责任的表现。

朋友不在多，而在于知心。交太多的朋友没有什么益处，这是人们在交朋友中总结出来的经验。每个人的精力都是有限的，如果不加以选择，把所有与你有一面或数面之缘的人，统统纳入朋友的范畴并以此为荣，整日忙于应酬，将所有的时间和精力全部花在这些方面，必然会使自己正常的生活受到影响。

3. 交朋友"急"不得

交朋友本身是一件非常严肃的事,所以要求人们以谨慎的态度去对待,千万不可草率行事。即使你感觉某个人值得你交往,也不要轻易就下结论,因为在与对方交往的过程中,双方有可能出现思想、兴趣、爱好等方面的差异。遇到这种情况,你必须掂量一下他到底能不能作为你人脉网中的一分子。当然,这里并不是说朋友必须与自己的兴趣、爱好等完全相同,但最起码要品行端正。

俗语有云:"千里难寻是朋友,朋友多了路好走。"从另一个角度来看也未必是正确的。虽然说多交些朋友不是什么坏事,但是要知道交朋友在于知心而不在多。一味地贪多,什么样的人你都把他当做朋友,真心相待,早晚会吃"朋友"的亏,毕竟人心难测。所以,交朋友还是谨慎些好。只有那些志同道合的真正的朋友,才会给予我们力量,促使我们不断进步,不断提升自我。

想做老板,先找20个老板朋友

朋友是一个人最大的财富之一。对创业的人来说,一个人或几个人的力量终究有限。多认识一些朋友,采纳多方面的意见，是做一个成功老板必备的条件。

大李想要在家附近开一个小超市，但是苦于没有经验，一直不知道从何下手。父亲知道了他的想法后，就问他："你的朋友中有经营超市的吗？"大李摇摇头。父亲说："那你就去交20个经营超市的朋友，有了这些朋友，你自然就有了开超市的条件。"

大李听从父亲的建议，通过自己的人脉网结识了不少做超市生意的朋友。这些朋友有的自己经营一家小超市，有的在大型连锁超市里做部门经理，还有的身兼数职，不但为别人打工，自己也有经营的生意。大李没事就和这些人一起聊天。通过和他们谈话，大李了解到目前市场上超市经营的基本情况，如哪些地段容易吸引客户，哪些商品更容易赚钱等。另外，大李还从他们那里得到了不少经营方面的教训。比如哪家超市因为价格制订得过高而失去了主顾，哪家超市因为没有合理分配进货的品种而导致货品积压，资金周转困难。这些别人用惨痛的代价换来的教训，大李轻轻松松就得到了。

没过多久，大李对经营超市已经非常熟悉了，对各个环节也都有了一定的把握。后来他租下一个商铺，请朋友帮忙列出了一个进货单，又到相关部门办齐了手续，于是他的超市顺顺利利地开业了。

第三章　借朋友的力量壮大自己

借助别人的力量壮大自己

在经营的过程中,大李也曾遇到过一些困难,但因为有同行的朋友鼎力相助,他的超市渡过了各种难关,成为一个颇具规模的旺铺。

做老板需要很多条件,资金、技术、人脉等,而这里面最关键的条件就是人脉。因为如果有了人脉,资金、技术都不再是问题。反之,如果你没有人脉,就算资金充裕、技术到位,也可能会因一些问题而陷入困境。

江旭是一名化妆品推销员,在长期的工作中他觉得这是一个利润非常丰厚的行业。尽管他能得到公司30%的提成,但是他仍然对自己的工作不满意,他想自己做老板。

于是江旭不顾亲友的劝阻,辞掉了推销员的工作,自己做起老板来。然而化妆品这一行并不像他想象的那么简单,在刚进货时他就遇到了困难。以前他们公司的化妆品进价都较低,因为他的老板和其他朋友在一起联合进货,因此就获得了极低的进价。而江旭不知道其中的底细,怎么也没法把价格降低,只好以较高的价格进了货。进货之后他又去联系卖场,可是这些单位都因为他的公司小且同类产品价格高而拒绝了他。所以,几乎没有人订购他的化妆品。最后江旭只好以赔本的价格把这些化妆品卖给了零售店,然后解散了公司。

有些人做生意前只看到了市场的机遇和条件,却忘了构建一个牢固的人脉网络。这样很容易使自己陷入困境。

　　因此，想做老板就要找到能够为自己提供资源和帮助的老板朋友，这样你的创业之路就会顺利得多。

第三章　借朋友的力量壮大自己

第四章　借同事的力量壮大自己

同行并非"冤家"

"同行是冤家"这句话几乎成了千古名训。其实也并不尽然,同事如兄弟,兄弟如手足,为人处世应该把同事当做朋友来对待,这样才能够如鱼得水。所以有智慧的人,通常都是谦虚有加,尽可能借助同事的力量壮大自己。

与同事相处,没必要无故得罪人,更何况多个朋友多条路,少个冤家少堵墙。即使你不愿结交他,但也没必要把他结成冤家吧,这样损人不利己,何苦了呢?

1. 更好地理解同事

有的人胆小怕事,有的人脾气暴躁,有的人因为刚刚遭遇了一些挫折而沮丧悲伤,与这些同事交往显然是相当困难的。因此,有的人误以为,对他们表示理解是与己无关的事情,何必蹚这浑水呢?殊不知,理解同事不但可以让我们学会包容、学会关心他人,而且能够提高与人交往的水平。为了实现这个目标,我们不妨注意以下一些问题。

（1）不要误以为同事反应不佳或心情不好一定是冲着你来的。事实上，有的人心情不好、反应冷淡仅仅是出于某种担忧或是因为遭受了某种挫折，而不是因为你做错了什么。当然，如果反应迟钝或态度傲慢的那个人恰恰就是你，那就另当别论了。

（2）你不必无所不知，无所不晓。当同事向你提出一个问题，而你一时答不上来时，你大可坦诚相告："很抱歉，这个问题我也不甚了解。这样吧，让我考虑一下，然后再告诉你。"接着，再去寻找答案，或找一个能回答这个问题的人。

（3）将心比心，循循善诱。对同事表达关心可以说这样的话："你究竟在担心什么？和我谈谈好吗？"或："现在我明白了，难怪你会感到这么沮丧"。不要粗暴地拒绝同事的求助："喂，你没看见我正忙着吗？"或者："这是××的错，关我什么事呀？"草草结束谈话、颐指气使或者给人脸色都不是可取的行为，它将直接影响到交际的质量。

我们应该知道，有的人并不关心你是否与他们持相同的观点，相反，他们只是想找个人倾诉心声。为了表示你的确是在认真地听他说话，你不妨使用下述几种关注方式："你究竟在担心什么？能说得更详细一点吗？""你为什么对这件事特别担心呢？""如果你和××友好相处的话，那结果又会是如何呢？""能说得详细一点吗？我还是不太明白。"

（4）不要总是想去说服同事。当同事固执己见而且显然把自己的想法视为最佳方案时，如果你硬要说服他，交谈很可能不欢而散。你可以用一些试探性的问题来掩饰自己的不满，并尝试着让他改变初衷："可以看得出来，你对这种方法十分满意。你认为这种方法的最大优势是什么呢？"或者："如果你不得不采取另一种策略的话，那么你会怎么做呢？"

记住：不要总是想去说服同事。因为这其中可能夹杂着过多的个人喜好。相反，你不妨把重心放在你所采取的步骤以及它可能对同事或团队产生的作用上（这是深入交谈时的一种更切实可行的方法）。当同事固执己见时，交际往往难以取得理想的效果，因为同事很可能觉得你对他的观点不够重视。

（5）承认给同事造成的不便，重申你的目的。比如，"非常感谢你的配合！我知道检查电脑系统肯定会给你带来许多不便，但是，这么做将会为你省去诸多麻烦，让你高枕无忧。"

（6）如果你不得不进入同事的工作空间的话，那么你应该事先通知他，征求他的意见，请他予以协助。突然造访或临时通知都将被视为不尊重同事的表现。

（7）除非迫不得已，否则不要发号施令。谦恭的语言、谦逊的态度，都可能唤起同事的合作热情。所以，在下达任务时，你不妨说："一种可能的做法是……""这种方法可能行之有效……""对我来说，该项目最好的结果是××。""你能否告诉我用什么样的办法才能让我如愿以偿吗?"或者:"换了是我,我可能会这么做……"而不要说"你一定要做到××"或者"你应该这么做"。

(8)记住,对于许多人而言,话题转换过快将给他们造成巨大的心理压力,因为快速转换语境之后,许多人可能觉得无所适从、无能为力。你应该明确地告诉他们:你需要什么,什么时候要。如果可能的话,你可以告诉同事你所采取的方法可能给他们带来的好处。别让同事一个劲地猜测你究竟需要什么,也别让他们一个劲地猜测你的行为可能给他们造成什么样的影响。

(9)保持积极的心态来倾听。倾听时,你可以思考这样的问题:"他说的这种方法最可取的是什么?"或者:"我可以从中学到什么?"这将有助于你保持一种积极的心态。

2. 与同事谈话应掌握好分寸

在办公室里,同事每天见面的时间最长,谈话内容可能涉及工作以外的各种事情,说话不适宜常常会给你带来不必要的麻烦。因此,与同事谈话必须要掌握好分寸。

(1)在办公室不要过分吐露自己的烦恼。有许多爱说、性子直的人,喜欢向同事倾吐苦水。虽然这样的交谈富有人情味,能拉近你们之间的关系,但是研究调查指出,只有不到1%的人能够严守秘密。所以,当你出现个人危机时,最好不要到处

诉苦，不要把同事的"友善"和"友谊"混为一谈，以免成为办公室的焦点，给上司留下不好的印象。

（2）办公室里最好不要抬杠。有些人喜欢争论，一定要胜过别人才肯罢休。假如你实在爱好并擅长辩论，那么建议你把此项才华留在办公室外去发挥，否则，即使你在口头上胜过对方，也不会使对方真正心服。相反，你损害了他的尊严，他可能从此记恨在心，说不定有一天他就会用某种方式还以颜色。

（3）办公室里闲谈莫论他人非。许多人喜欢在别人背后说坏话，只要在人多的地方，就会说一些闲言碎语。这些背后闲谈，比如领导喜欢谁，谁最吃得开，谁又有绯闻等，就像噪声一样，影响人们的工作情绪。聪明的你要懂得，该说的就勇敢地说，不该说的就绝对不要乱说。

（4）办公室里不要展示自己的优越。有些人喜欢与人共享快乐，但涉及你工作上的事情，譬如，即将争取到一位重要的客户，上司暗地里给你发了奖金等，最好不要拿出来向别人炫耀。因为你的优越条件会使某些人眼红、忌妒，进而影响办公室的和谐氛围。

3. 和同事说话时尽量不要招人烦

在与同事交谈时，以下这些方式和习惯可能不受欢迎，容易招人烦，必须努力克服和改正。

（1）喋喋不休，独占谈话时间。许多人在与同事交谈时，总将自己放在主要位置，自始至终一个人唱主角，喋喋不休地谈论自己，滔滔不绝地诉说自己的故事。这样不但不能表现自己的交谈口才，反而令人生厌。"一言堂"不能交流思想，不能增进感情。交谈时应谈论共同关心的话题，长话短说，让每个人都充分发表意见，留心别人的反应，这样才能使谈话气氛变得很融洽。正如亚历山大·汤姆所说："我们谈话就像参加一次宴请，不能吃得很饱才离席。"

（2）说话尖酸刻薄，喜好争辩。我们在言谈交际中有时免不了与同事争辩，善意、友好的争辩能增进彼此的了解，活跃交际环境，起到调节气氛的作用。但是不友好的争辩会伤害人，导致人心情不爽且容易树敌。只要我们想一想，如果说了一句话之后会出现四面楚歌的局面，就应该在和同事的交往中做到态度谦和，语言得体。

（3）无事不通，显得聪明过人。在与同事交谈时，谈话的内容往往涉及天文、地理、历史、哲学等许多话题，如果你在交谈中表现得如此"全能"，到时定会打自己的嘴巴，砸自己的脚。因为交谈是相互了解、相互交流的方式，而不是表现学识渊博、见识广泛的舞台。老子曾说过："言者不知，知者不言。"在交谈中总是显得聪明过人的人往往不受欢迎。

让"个性"与"团队"并驾齐驱

对于一个团队来说,其核心精神不是团结。团结可能排到第二位或第三位,而第一位是包容、认同并欣赏队友的个性,甚至为其提供一个展现个性的舞台。当然,此处说的个性不是指穿着奇装异服、化奇特浓妆这些行为,而是指一个人的特点、特长、特有的想法和思维方式,这些"个性"不仅不应该被埋没,而且应该发扬光大。

在全球享有盛名的杰克·韦尔奇,被誉为"全球第一首席执行官"、"最受尊敬的首席执行官"。1961年,韦尔奇带着漂亮的妻子来到了马萨诸塞的匹兹菲尔德,并以化学工程师的身份在一家研究所里工作,年薪是10500美元,年终还涨了1000美元,他觉得挺不错。可当他发现一个办公室里四个人的薪水居然完全一样时,他去找上司说理了。结果,没有任何改变。于是他萌生了去意。

就在这时,上一级主管鲁本来到研究所检查工作。他与韦尔奇并不陌生,他们曾经在几次业务会议上碰过面,韦尔奇每一次都能提出一些超出他预期的看法。韦尔奇就是想脱颖而出,而鲁本显然也已经注意到了这一点。当他知道韦尔奇将要离去时,在晚饭的四个小时里,一直在极力地做着挽留工作,并发誓要杜绝公司的官僚作风。夜里一点钟了,他又在高速公路旁的电话亭里打投币电话，继续游说……韦尔奇和妻子已经进入了梦乡，可鲁本还在工作。

以下是韦尔奇的自述："在黎明后的几个小时，在欢送我的聚会举行之前，我决定留下来。从此，我再也没有离开过，没有辜负他对我的认可——他认为我与众不同。从那以后，区别对待便成为我进行管理的一个基本组成部分。

"有些人认为区别对待的做法会严重影响团队精神，但在我看来这是不可能的。你可以通过区别对待每一个人而建立一支强有力的团队。瞧瞧棒球队……每个人都认为比赛里有自己的一份，不过这并不意味着队里的每一个人都是一样的。"

团队管理要区别对待每一个成员，通过精心设计的相应的培训使每一个成员的个性特长能够不断地得到发展并发挥出来。这才是名副其实的成功的团队。

韦尔奇用他的实际行动和亲身经历向我们论证了"个性"的重要。韦尔奇遇见了一个好上司，正是这个开明的上司认识到了其个性的珍贵，当韦尔奇提出自己应该更受重视时，他给予韦尔奇肯定。他肯定这种个性的存在意义，对韦尔奇日后的成功起了积极的作用。

而从韦尔奇的角度来说，个性在一定程度上是自信的表现，对事情有自己的主见，并勇于提出来，这是一种非常重要和难得的品质。所以当你对一件事情有了不同于大众的意见和看法，

借助别人的力量壮大自己

或是有了自己认为理想的做法时,你不一定要别人来认同你,但是你应该意识到,这是一件好事。

团队正是你展现个性的舞台,一个强大的团队一定是员工之间、部门之间、上下级之间沟通顺畅的团队,你作为其中一员,应该勇于表达自己的想法。个性其实是团队的一大特色,因为团队成员是互补的,每个人有每个人擅长的领域,每个人有每个人的个性、特点。分工合理、全面的团队才是最完美的。

合理地分工,物尽其用,人尽其才,保留每个人的特长和个性,在需要的时候加以发挥是一个团队成功的关键。所以说,团队是你的舞台,尽情释放你的个性,这对你、对团队都是一件有益无害的事。如果你和团队其他成员配合得好,那么,你将是离成功最近的人,你的团队将是离成功最近的团队。

某集团创新设计中心的总经理是他所在行业中的先锋人物。他坦言自己也不是很清楚为什么喜欢创新,喜欢挑战,他只是从上小学开始就比较喜欢参与一些特别的事情,可能是这种爱好一直保留到现在。

工作以外的时间里,这位总经理是个个性比较张扬的人,喜欢做一些冒险的事,比如蹦极、赛车,体现速度与激情。他有时看上去不像一个理性、严谨的IT(信息技术)人,但是他认为,这既是一种放松方式,也是他获取设计灵感的源泉。在各种极限运动中,他能够体验到很多现实生活中没法体验的东西。

他说："公司给了我一个很好的环境，很大的空间，允许我尽情发挥个性。虽然从表面上看，我所着迷的一些领域和设计都没有什么直接的关系，但是往往最能体现人需求的设计才是一个好的设计，我们要善于观察人的情感需求和人与人的互动。"

从这位总经理身上得出的结论是，当一个团队允许并鼓励成员发展个性时，其成员也往往会给予团队更大的回报，包括利益的回报。如果个性与"共性"能够并驾齐驱，两者不但能摆脱对立的关系，而且能够创造出巨大的价值。

个性与团队毫不矛盾，个性甚至是团队所需要的，就像美味佳肴中的一种特殊材料，往往能起到让人意想不到的效果。因为在当下的商场中，一个团队没有创新能力就等于没有灵魂，没有撒手锏，而创新能力往往来自于个性化的创造，它与人的个性是密不可分的。

每个人都是不完美的，但是可以组合出一个相对完美的团队：你弥补我的不足，我掩饰你的瑕疵，你吸收我的优点，我学习你的特长。团队的成功也就是个人的成功，所以发挥你的个性，让团队因你的个性而变得完美、强大，同时，你也可以借助团队的力量与团队一起迈向成功。

别刻意在同事面前出风头

在同事面前出风头的行为是愚蠢的。如果你在同事面前刻意表现自己,大出风头,想使别人对你感兴趣,你将永远不会有许多诚挚的朋友。

善于自我表现者,时常既表现了自己,又不显露声色。他与同事谈话时喜欢使用"我们"而很少用"我",因为"我"会给人带来距离感,而"我们"则能使人感到亲切。"我们"代表着说话者也有参加之意,能给人一种亲密感。

其实,表现自己并不是错。在当今社会中,只有充分发挥自己的才干,充分表现自己的优势,才能够适应时代的挑战。然而,表现自己需要分场合、分形式,倘若表现过度,很做作,不自然,似乎是做样子给别人看一样,那就最好别表现。

陈全是某大公司的高级职员,工作主动、待人热情。但是,有一次,一个小小的动作却使他的形象在同事心中大打折扣。

在会议室中,很多人都等着开会,其中一位同事发现地板有点脏,便主动拖起地板来。而陈全却一直站在窗台边往楼底下观看。忽然,他走过来,叫那位同事将手中的拖把递给他,同事不愿意,可陈全却执意要求,那位同事只好将拖把递给他。

陈全将拖把拿到手后不大工夫,总经理推门进来了。这时,他正拿着拖把勤恳地拖着地。从此以后,大家看见陈全都觉得他十分虚伪。陈全先前的良好形象被他这个小动作给毁坏了。

在工作中，很多人往往不能掌握热忱与刻意表现间的区别。也就是说，这些人学会的是表现自己，而不是付出真正的热情。付出热情并不等同于刻意表现，我们应该在该拼搏的时候拼搏一次，在该需要表达关心的时候关心他人。

实际上，自我表现是人类天性中重要的一个方面。人类喜欢表现自己就如同画眉喜欢炫耀歌喉一般。但刻意的自我表现往往会使人感到虚伪，最终的效果与自己所期望的正好相反。

刘昆是一家广告公司的优秀员工，他主持的多套广告策划方案为公司带来了很好的效益。遵照常理来说，以刘昆的资历与能力，他早应该得到提升，可现在他仍是一个普通的职员。他总喜欢在同事面前出风头，在他眼中，公司里平庸之辈十分多，张三李四都是他评说的对象，就连老总们他也不会放过。于是，每到考核的时候，同事们都说与他共事不容易，并表示不愿到他所负责的部门去工作。这样一来，刘昆便成了孤家寡人，而老总们每当谈论到他时，也总是无奈地说："可惜刘昆个性太强了！"

刘昆因为爱出风头，在其他同事眼中已成为一个喜欢与人过不去的"反对派"，有工作能力却又不能共事的"另类"，所以每到关键时候，同事们都不会为他说好话，他的晋升当然就无望了。

可以看出，刘昆之所以没有得到升迁，就在于他爱在同事面前出风头，喜欢刻意表现自己，从而影响了他的事业的发展。

在职场上，莫做"另类"人物。虽然"另类"人物能够出尽一时的风头，但正由于个性太强、风头太盛，眼里没有了上司与同事，自然也就成为不受欢迎的人。

高度重视同事之间的应酬

要想做足同事间的人情，一定要高度重视同事之间的应酬。

生活中的应酬，是一门学问。同事之间有许多事需要应酬：张三结婚，李四生日，王五得了贵子，马六新升了职位，这些事要躲当然也能躲开，但别人会说你不懂得人情世故。善于社交的人，则很会处理日常生活中的应酬。

应酬是一门社交艺术，只有善用心思的人，才能达到联络感情的目的。

一位同事过生日，有人提议大家一起去庆贺，你也乐意前行，可是去了以后你才发现，这么多的人，偏偏来为他庆贺，为什么不在你生日的时候也来热闹一番？这就是问题所在。这说明你的应酬还不到位，你的人际关系还有待维系和加深。要摆脱这种内心的失落，你不妨积极主动一些，多找一些机会，在应酬中学会应酬。

比如，你新领到一笔奖金，又适逢生日，你可以采取积极的策略，向你所在部门的同事说："今天是我的生日，想请大家吃顿晚饭，敬请光临，记住了，别带礼物。"在这种情形下，不管同事们过去和你的关系如何，都会乐意去捧场的，你也一定会给他们留下一个比较好的印象。

重视应酬，一定要"入乡随俗"。如果你所在的公司中有升职者宴请同事的习惯，你一定不要破例，你不请，就会落下"小气"的名声。如果人家都没有请过，而你却独开先例，同事们会以为你太招摇。所以，要按约定俗成的"规矩"来办。

重视应酬，还有一个别人邀请，你去与不去的问题。人家发出了邀请，能去就尽量去，不能去也千万不要勉强。比如同事间的送别，由于工作调动，要分离了，可以去送行；来新人了可以去欢迎，加深彼此间的印象；欢送老同事，数年来已在工作中建立了一定的情谊，去一下合情合理。

重视应酬，不能不送礼，同事之间的礼尚往来，是建立感情、加深关系的物质纽带。

同事在某一件事上帮了你的忙，你非常感激，选了一份礼品登门致谢，既还了人情，又加深了感情。同事有婚嫁的喜庆事，根据平日的交情，送去一份贺礼，既添了喜庆的气氛，又加深了彼此的感情。当然，送礼时要有轻重之分，一般情况下礼到了就行，千万不要买过于贵重的礼品。

第四章 借同事的力量壮大自己

同事间送礼，讲究的是礼尚往来，今天你送给我，明天我再送给你，倘若你估计到送礼者别有图谋，推辞有困难，不能硬把礼品"推"出去，可将礼品暂时收下，然后找一个适当的借口，再回送相同价值的礼品。如果是实在不能收受的礼物，除婉言拒收外，还要向送礼者诚恳地道谢。

总之，处理好同事之间的应酬，会为你营造良好的工作氛围，有利于日后工作的开展。

学会与同事交流

1. 跟很多同事交流时要照顾到每一个人

有时，我们要跟很多同事进行交流和谈话，我们当然不可能把自己的时间和注意力平均"分配"给在场的每个人，但是我们要注意照顾到每一个人。

实际上，在这种场合，在场的每个人都可能特别在乎你对他的重视程度。每个人都希望你在大家面前表示出对他的尊敬和重视，给足他面子。要是你忽视了他，你在众人面前的怠慢和轻视会让他尤感失望。

所以，在这种场合下，你要把每个人都视为独立的个体而不是"群体中的一员"。你对他们的态度不能有太大的差别，要让每个人都明白，你在注意他并尊重他，别让任何人感到你对他的尊重程度不如对别人的。

交流时不要心不在焉，只顾某一位重要同事而忽视了其他同事。当你和重要同事的谈话结束时，不要就此大松一口气，开始漫不经心，应自始至终地给在场的其他人相同的关注和照顾。尽量热情地问候每个人，如果有可能，要跟所有在座者打招呼，不要因为有些人离你稍远些或职位稍低些，就忽略了他们。此时，你要"不嫌麻烦"地上前打招呼。正因为大多数人怕麻烦，不会特意这样做，所以，你"不嫌麻烦"的举动就更加突出，更能得到对方的欣赏。

如果没有特别的原因，就不要谈论多数人不感兴趣、无法插话的话题，也不要进行令多数人兴致索然的争论。也别让自己被某位有演讲欲、倾诉欲的同事牵着鼻子走。要是他滔滔不绝，不给其他人说话的机会，你就不要再向他提问或详细回答他的问题，否则他会更加没完没了。你可以礼貌但简洁地回答："这个想法确实不错。"然后，你稍作停顿，再开始一个与此有些联系的新话题。说话时，可以看着在场的其他同事，用目光鼓励其他人也来发言。你还可以向那些一直没有机会发表意见的人提些问题，这会让他们感到你的细心和周到。

大家谈兴正浓时进来一位新的谈话伙伴，这是常有的事。此时，你若是能够费点心，让新加入者马上加入你们的讨论，则可以突出地体现你的好意。

此外，要注意你的姿势和眼神。要直接与每个人交流，与

第四章　借同事的力量壮大自己

每个人交换眼神。对任何人都不能冷淡,更不能故意用背部对着别人。要是有新来的人加入会谈,注意给他腾出座位,别冷落了他。

不要让对方觉得你在寻找比他更有趣的谈话伙伴。由你开头的话题,你就要把它认认真真地进行到底,别在对方面前频频转头,显出对他的话没有兴致的样子。不要给人留下这种印象:你老在张望门口或打量整个屋子,或是盯着墙壁发愣。

2. 与同事交流时要避免冷场的发生

和同事交流的时候,最怕出现的情形之一就是冷场。冷场分为两种情况:一种是单向交流,听的人毫无兴趣,注意力分散;另一种是双向交流中,听者毫无反应,或者仅以"嗯"、"噢"之类的话应付。

不管是出现哪种情况的冷场,根本原因都在于听者不愿听你所说的话。听者仅仅出于礼貌而扮演一个"接收"的角色。因此冷场完全应由说话人负责。

冷场的出现,是发言者的失败,因为它不能达到彼此沟通交流的目的。因此,发言者既要发言,又必须实施控制,避免冷场的发生。避免和控制的办法有以下几种。

(1)发言简短。单向交流中那种应景式讲话,越短越好。双向交流中,任何一方都不要滔滔不绝地讲话,要有意识地给对方留下发言的时间和机会。自己一轮讲不完,应待对方有所反应后再讲，不要一直不停的讲话。

（2）变换话题。单向交流的话题变换是暂时的，之所以变换话题是为了吸引听者的注意力，调动他们的兴趣。这一目的达到后，仍要回到原有的话题。

双向交流的话题变换是不定的，根据现场情况随时进行。比如你与别人谈凌晨看的一场世界杯足球赛电视直播，可别人并不喜欢足球，也没有在半夜里爬起来观看，对你所谈内容显得毫无兴趣，进而出现冷场。这时，你就应及时将话题扯到其他方面去。

（3）中止交谈。任何人在交谈时都不希望听者不愿接受。但若这种情况出现后，自己又采取了诸如简短发言、变换话题、加强语气等控制手段，仍然不能扭转冷场的局面，那就应中止交谈。没有"接受"的交谈是无意义的，既白白耗费自己的精力，又无端浪费别人的时间。比如你同他谈足球他无兴趣后，变换话题他仍无兴趣，就不可再谈下去。这叫做"话不投机半句多"。这时，要么各自走开，另寻开心，要么各自静止，闭目养神。

当然，和同事顺畅、愉悦交流的方法还有很多，需要我们在实践中不断摸索和总结。只有注重和同事之间的交流，我们才能更好地了解同事、取长补短，促进工作的开展和自身的进步与发展。

学会与不同类型的同事相处

"世界上没有两片完全相同的树叶。"对于个人来说也是如此。世界上没有两个完全相同的人,每个人都有各自不同的性格、脾气、生活方式。在现实生活中,有些同事是很难相处的。要想与不同类型的同事和谐相处,就必须根据对方的性格特征运用不同策略,有的放矢,这样才能达到与对方友好交往的目的。

1. 应对"死板"的同事

(1)特征。这类同事对人十分冷漠,毫无热情,行动上往往我行我素,从不顾及别人。在工作中尽管你客客气气地与他寒暄、打招呼,可他的反应却总是爱答不理。他不会做出你所期待的热切回应。同这类同事共事,确实让人感到不舒心、不自在。

(2)应对策略。

①多花些工夫,仔细观察、注意他的一举一动,从他的言行中,找出他真正关心的事情。一旦你了解他所关心的话题,他很可能会一改往常那种"死板"的表情,表现出相当大的热情。

②要有耐心,循序渐进。如果你在与他们打交道时,能够设身处地为他们着想,维护其利益,使对方逐渐去接受一些新

的事物，就能帮助他们改变和调整心态，这样，就可以取得交往上的成功。

2. 应对争强好胜的同事

（1）特征。这类同事争强好胜，逢事必赢之而后快，在与同事的竞争中总是想方设法挤对人，甚至不择手段地打击人，这样周围的人都成了他们的竞争对手。不管大家在一起干什么，他总要不惜一切代价非赢不可。争强好胜的同事也容易走极端，这样就可能由于长期身心疲惫而累垮，给工作带来不利影响。

（2）应对策略。

①正确对待自己的荣誉。做了工作，就希望得到荣誉。因此，你不能允许任何人将你自己独立完成或合作完成的工作成果记在他人的功劳簿上。你要坚持这个原则，使他无隙可乘，这样他也就没有了逞强的机会。

②不卑不亢。与此类同事共事不必太过于计较，只管把自己的工作做好，给他造成一定的压力。任何人都既有长处，又有短处，也许争强好胜的同事确有比你高明之处，但你也不要自卑。古语说得好，"金无足赤，人无完人"，他不会在各个方面超过所有的人。

③大度、光明磊落。要让你的同事都知道，你要去竞争一个职位，而你知道这个职位也是他们希望得到的。一旦竞争有了结果，无论谁是赢家，都要主动采取行动，尽快消除分歧，

做到光明磊落，总之，同事之间不要成为仇人。

④保持气度。此类同事拼命寻求别人的敬重，所以你要尽量满足他这种欲望，让他感到自己的重要性。这样他就不会把你看成对手，总是针对你了。你可以较容易地和他相处并探讨工作，从而形成新的、更有价值的工作方案。

3. 应对性格多疑的同事

（1）特征。此类同事生性多疑，不弄清你是否可靠，他们是不会向你表态的。他们为人处世总是小心翼翼的，唯恐落入别人设置的圈套。当大家需要合作时，他们往往在某项决定上迟迟不肯表态，办公室里的气氛因为他们的迟疑而变得有点微妙。

（2）应对策略。与此类同事相处要以诚相待，耐心温和地对待他们，给他们一段改进的时间。同时还要多给他们讲解同事间相处的技巧，鼓励其与大家多接触，多沟通，减少对别人的防范等。当然，在必要的时候，也要直言相告，仔细地分析双方的共同利益和个人利益所在。明确其中的分歧和各自的权益以后，用实际行动履行自己许下的诺言，用明确的态度增强他们对你的信心。

只要少一些猜忌和隔阂，设身处地地去帮助他们，相信你的诚心会使性格多疑的同事有所改变。

4. 应对自命清高的同事

（1）特征。此类同事自命清高、目中无人，常常表现出一副"唯我独尊"的样子。像这样有孤傲性情的人，是不太爱与他人相处的。他们"恃才傲物"，仗着自己才高，目空一切，有时甚至玩世不恭，对谁都不在乎。因此，能否通过掌握住这类人的特点与他们和谐相处，是能否搞好工作、开创事业的关键所在。

（2）应对策略。

①表示信赖。对待这类孤傲的同事，要相信他们，对他们表示信赖，并在适当的时候、场合给他们一点取胜的机会，让他们的自信心完全建立起来，以代替那种因为虚荣心作怪而表现出来的盛气凌人的傲慢态度。

②"当头一棒"法。另外，还有一种孤傲自负的同事，他们傲慢骄横，自以为自己的地位、学识、年龄等都处于优势状态，因此蔑视他人，或者大肆地攻击他人。他无论到什么地方，总是认为"人不如我"。对待这类同事，可以借鉴一位名家的话："有许多人，恭维他不免是件危险的事，因他自命不凡，一经抬高，就要跌得粉碎。狠狠地给他当头一棒，也许是良策益方。"

5. 应对尖酸刻薄的同事

（1）特征。此类同事的特征是和别人发生争执时往往丝毫不留余地地挖苦别人，让对方自尊心受损、颜面尽失。这种人

平常也以取笑同事、挖苦上司为乐事。

（2）应对策略。

①勇敢面对。能够勇敢地对抗别人的侮辱而又不进行人身攻击，实在不是一桩容易的事。一个有效的办法是不回避。你可以直截了当地反问："你知不知道，你的话别人听后有什么感受？"

另一个办法是要求对方解释他的话，你可以这样问："你这话是什么意思？"或者："我想搞清楚，我有没有把你的话听错？"一旦嘲弄你的人知道你看穿了他，也就自觉无趣，不会再骚扰你了。

②宽恕。当你听到尖酸刻薄的话时，虽然知道那话是冲着你来的，但如果你这样想："那句话实际上与我无关"，也就自然能平心静气地对待了。记住，有宽恕之心是极其重要的生存之道。

6. 应对傲慢无礼的同事

（1）特征。一般来说，傲慢无礼的人在谈话和行为方式上都咄咄逼人。这类人基本上都是有备而来的，或是对自身条件估计得过高，非常有信心能够战胜你。他们通常对你的"要害部位"实施猛烈攻击，使你变得十分被动，且无招架之力。

（2）应对策略。

①反守为攻。这是使自己站稳脚跟的最佳方法。反守为攻一般在下列两种情况下进行比较有效。

一种情况是等到对方不能自圆其说的时候，你再进行反攻。这类人在一开始会咄咄逼人、锋芒毕露，也许你根本找不到他的破绽。但是他的"铁甲"再厚实坚硬，也总有可以"入枪"的地方。只要你注意观察，瞅准时机，总能找到突破口。

另一种情况是当对方已是山穷水尽的时候，你再进行反攻。这时就是对方已经把要打击你的部位打击完毕之后才发现，他连你的"伤口"部位还没找到。其打击的部位从本质上动摇不了你，这就是所谓的"山穷水尽"。他技穷之时，也是你反守为攻之时。

②巧用打"擦边球"的技巧。打"擦边球"的技巧就是给予对方一个模棱两可的回答，让对方无可奈何，接也不是，不接也不是。对于对方咄咄逼人的追问，你就还一个"擦边球"式的回答，看起来与对方的问题不相干，好像没有回答他的追问，但又确实与此有关，使对方不能对你再进行无理的指责。

7. 应对搬弄是非的同事

（1）特征。这类人经常在背后说别人的坏话，无事生非，故意找借口与人争执，好像总是觉得别人满足不了自己，或者别人有对不起自己的地方。

搬弄是非的同事总喜欢嘟嘟囔囔,似乎对什么都不满意,无论大事小事,都是牢骚满腹。

他一旦认为别人有不好的地方,无论大事小事,都会百般挑剔,令你恨得咬牙切齿。即使是一点小问题,他也会当着大家的面奚落你一番。

(2) 应对策略。

① 给予拒绝。换句话说,就是对闲言碎语要做到不听、不信、不传。和搬弄是非的人交往,需要正直、坦荡。

② 不宜过多交往。有时候,尽管你听到关于自己的是非后感到愤慨,表面上还必须努力控制自己的情绪,保持头脑冷静、清醒。你可以这样回答:"啊,是吗?人家有表示不满、发表意见的权利嘛。"或者说:"谢谢你告诉我这个消息,请放心,我在意这个问题,但我保留意见,以后再说吧。"如此,对方会感到没有空子可钻,也就不会再来纠缠不休了。

8. 应对自私自利的同事

(1) 特征。这类人只知道顾自己,心中只有自己,凡事都将自己的利益摆在前头,从不肯有所牺牲。

(2) 应对策略。

① 公私分明。与此类同事交往,要坚持公私分明、公事公办的原则。同事相处久了,自然会有感情,不论产生的是好感或是恶感,都很容易影响人的判断能力。特别是自私自利的同

事，为了谋取更多的自我利益，他们会经常变相地恭维你，赢得你的好感，以便从中占取公司的利益。这时，你就要小心警惕了，你应公正处理公私关系，坚持公私分明这个原则。

②费用AA制。同事之间有什么需要花钱或付什么费用，不能都让一个人出，大家应平均分摊，这样会使自私自利的同事心理平衡。例如，大伙一同聚餐，自私自利的同事是绝对不会大方地付账的，那就实行AA制，不是很好吗？如果和这种同事一块出去旅游也用AA制，那么，一切问题就都迎刃而解了。

9. 应对口是心非的同事

（1）特征。这类人表面上把你夸奖一番，但其真实目的在于含而不露地羞辱、贬低你。

（2）应对策略。

当同事称赞你或恭维你时，仔细想一想那些话是真是假。要轻松快乐地接受善意之词，对于含有恶意的言辞，应不予理会或奋起反击。与这类同事谈话时，要保持泰然自若，抓住主动权不放。

10. 应对爱挑拨离间的同事

（1）特征。这类人往往喜欢无中生有地挑起一些是非，以达到离间他人关系的目的。他们大都喜欢用种种卑鄙的方法离间别人，挑起别人之间的矛盾。等到被离间者相互争斗时，他们就从中获利。

（2）应对策略。

①正直坦荡地面对。正直坦荡地应对爱挑拨离间的同事，就是要求当事人在听到挑拨离间的闲言碎语时，不信、不传，平时行得正、站得直。既要做到尊重自己，也要做到尊重他人。

②以静制动。这种方法就是与此类人减少来往，对他们的态度千万不要过分热情，当听到对自己不利的消息时，要保持冷静。

11. 应对城府太深的同事

（1）特征。这类人对事物不无见解，但是不到不得已的时候，他们绝对不会轻易发表自己的意见。这种人在和别人交往时，一般都工于心计，往往给人以假象，总是把自己的真实面目掩藏起来，希望更深入地了解对方，从而在交往中处于主动的地位。

（2）应对策略。

同这类人打交道，你一定要有所防备，不要让他们掌握你的全部底细，更不要被他们所利用，以防陷入他们制造的陷阱之中不能自拔。

12. 应对打"小报告"的同事

（1）特征。这类人为了与他人竞争，常采取不正当的形式向上级打"小报告"。对同事间的关系、上下级关系以及工作效率和工作氛围都会产生非常恶劣的影响。

（2）应对策略。

①针锋相对。针锋相对是应对爱打"小报告"同事的有效方法。采取针锋相对的对策防范"小报告"，最为关键之处是必须选准目标，对其向上级反映的不真实情况进行大胆揭露和坚决批驳，贬斥其所做的种种卑劣行为。这就要求我们要做到以下几点。

第一，主动出击，把事情的原委详细客观地公布给大家，使大家对此都有一定的了解。

第二，与打"小报告"的人进行公开论战，把客观事实与那些偷偷摸摸上报的"黑材料"以及各种不实情况都摆到桌面上来。

第三，帮助和引导人们对正确的客观事实与"黑材料"进行对比。

②当众驳斥。针对这类人偷偷摸摸的特征，你可以运用"当众驳斥"的方法，揭穿他们的小人行为。如果把事情的原委公之于众，而且当面辩论，"小报告"的作用便被大大限制了。

③不留把柄。不给打"小报告"的同事留下把柄，是应对这类有小人作风的同事的根本途径，是防止打"小报告"者在上司面前攻击陷害你的根本方法。要想让众人相信你的清白，要想让上司信赖你、重用你，就必须做到襟怀坦荡、正直无私，不留任何把柄给其他人。

以上是工作中比较典型的难相处的同事，只要你能立足工作，从实际出发，坚持原则，对所有同事以诚相待、一视同仁，施以关心，给予帮助，那么，你就一定会和所有同事愉快相处，共存共荣，共同进步，共同发展。

合作能力比专业知识更重要

很多企业虽然对员工个人的素质有较高的要求，但更注重的是优秀的团队合作能力。这种合作能力有时甚至比员工个人的专业知识更加重要。

1. 团结起来力量大

当你只是一个人的时候，在你面前会出现很多的不可能；当你存在于一个团队中的时候，在你面前就会有很多的可能。我们之所以迷失方向，往往不是因为无知，而是因为太过自信。也许你会认为你很有能力，也很有知识，但是只有你一个人，就算你再有自信，也不可能独自完成一项工程浩大的工作。

1994年4月的一天下午，一个德国的经销商给海尔公司打了一个订货电话，因为事情很紧急，所以他希望海尔公司能在两天内发货，否则订单就会自动失效。

但是，如果在两天内发货，就意味着当天下午就要将所要的货物装船，而当时已经是星期五下午两点，如果按海关、商检等部门下午五点下班来计算的话，时间只有三个小时，按照一般的程序，做到这一切几乎是不可能的。

海尔公司的团队精神在这时显示了巨大的能量。他们采取了齐头并进的方式，调货的调货、报关的报关、联系船期的联系船期，每个人都全身心地投入工作，抓紧每一分钟，使每一个环节都能顺利通过。

当货船终于驶离港口的时候，所有的员工都松了一口气，脸上出现了满意的笑容。

当天下午五点半，这位经销商接到了来自海尔公司货物发出的信息，他感到非常吃惊，对海尔公司更是相当的感激。后来，他还破了十几年的惯例给海尔公司写了一封感谢信。

当所有的人都有了一个共同的目标，对一件事达成了共识的时候，再去努力工作就会事半功倍，这个时候，团队的力量也会发挥到极致。

二战期间，巴顿将军临危受命。当艾森豪威尔将军问巴顿有什么要求时，巴顿说："我不需要一个才华横溢的班子，我要的是全军的忠诚与执行。"作为一名前线指挥官，巴顿将军深深知道，战争需要的是一支协调统一的部队，而不是少数精英组成的小团体。

1942年11月，巴顿指挥盟军部队作战。由于美军刚刚参战，部队新兵多，所以部队士气十分低落。巴顿看到这种情况，十

分着急，决定采取措施以振奋士气。

巴顿以铁的纪律约束他的部队，并以他特有的方式激励士气。他搞了一次阅兵。与从前不同的是，他头上戴的是刚刚从德军驻地将军处缴获的双鹰白钢盔。他还声称，要戴着这顶钢盔打进柏林。士兵们在阅兵式上看见指挥官头戴缴来的德军钢盔，顿时士气大振，纷纷请战。于是，一支具有凝聚力、战斗力的部队在巴顿的带领下成功地完成了作战计划。

一个成功将军的背后是一群能征善战、具有凝聚力的士兵，一个成功上司的背后是一群能创造出色业绩的员工。一个人即使再忠诚于上司，如果不能融入团队，为公司创造突出的经济效益，这样的员工也不是优秀的员工。任何公司与个人的成功，都离不开团队的合作。忠诚于自己的公司，忠诚于自己的上司，跟公司的同事与上司和睦相处，与公司同舟共济，荣辱与共，全心全意为公司工作，把公司当成自己的公司，这是自律力的升华，是每一个员工都应努力做到的。因为对于团队来说，员工是一个个体，而对于公司来说，团队也只是一个基本的个体。公司成功了，团队才能获得成功；团队成功了，个人自然也就赢得了成功。

在一个团队中，每一个员工都要协调一致，共同前进。就像很多马拉着一辆车一样，如果这些马谁也不服谁，各朝各的方向前行，结果马车哪儿都去不了。可是，如果这些马团结一致，朝着同一方向奋力前进，那么，马车就能前进得很快了。

事实上，我们工作的目的不仅仅是为了每月有一份不错的薪水，或者是为了有一份可以谋生的职业，我们还追求一种认同感、归宿感和成就感，而这一切都建立在团队的荣誉感的基础之上。这种荣誉感让我们自觉地远离任何借口，远离一切有损于公司和工作的行为。在争取荣誉、捍卫荣誉、保持荣誉的过程中，我们个人也不知不觉地融入团队中，获得了更好的发展，取得了更大的成功。

2. 具有团队精神才更优秀

一家大型公司招聘高层管理人员，九名优秀应聘者经过初试脱颖而出，闯进了由公司老总亲自把关的复试。

老总看过这九个人的资料和初试成绩后，相当满意。然而，此次招聘只能录用三个人，所以，老总给大家出了最后一道题。

老总把这九个人随机分成甲、乙、丙三组，指定甲组的三个人去调查本市婴儿用品市场，乙组的三个人调查妇女用品市场，丙组的三个人调查老年人用品市场。老总解释说："我们录取的人是要开发市场的，所以，你们必须对市场有敏锐的观察力。让大家调查这些行业，是想看看大家对一个新行业的适应能力。每个小组的成员务必全力以赴！"临走的时候，老总补充道："为避免大家盲目开展调查，我已经叫秘书准备了一份相关行业的资料，走的时候自己到秘书那里去取！"

两天后，九个人都把自己的市场分析报告送到了老总那里。老总看完后，站起身来，走向丙组的三个人，分别与之一一握手，并祝贺道："恭喜三位，你们已经被本公司录取了！"老总看见大家疑惑的表情，呵呵一笑，说："请大家打开我叫秘书给你们的资料，互相看看。"原来，每个人得到的资料都不一样，甲组的三个人得到的分别是本市婴儿用品市场过去、现在和将来的分析，其他两组的也类似。老总说："丙组的三个人很聪明，互相借用了对方的资料，补全了自己的分析报告。而甲、乙两组的六个人却分别行事，抛开队友，自己做自己的。我出这样一个题目，其实最主要的目的是想看看大家的团队合作意识。甲、乙两组失败的原因在于，他们没有合作精神，忽视了队友的存在。要知道，团队合作精神才是现代企业成功的保障！"

由此可见，具有团队精神，懂得与同事合作，借助同事力量的人才能获得最终成功。

3. 自我约束，融入团队

作为一个公司的员工，只有把自己融入整个团队之中，凭借集体的力量，才能把自己所不能解决的棘手问题解决好。当你来到一个新的单位，你的上司很可能会分配给你一个难以独立完成的工作。上司这样做的目的就是要考察你的合作精神，他要知道的是你是否善于合作，勤于沟通。如果你一声不响，一个人费劲地摸索，最后的结果很可能是事倍功半。很多时候，获得成功的捷径就是充分借用团队的力量。

现代年轻人在职场中普遍表现出自负和自傲，这使他们融入工作环境的过程显得很缓慢。他们缺乏团队合作精神，不愿和同事一起想办法，最后无法取得理想的工作成果。

事实上，个人的成功不是真正的成功，团队的成功才是最大的成功。团队精神对一个公司与一个人的事业发展都起着举足轻重的作用。

那么，如何才能加强与同事间的合作，培养自己的团队合作精神呢？

（1）善于沟通。虽然同在一个办公室工作，但是你与同事之间总会存在某些差异。知识、能力、经历使你们在对待工作时会产生不同的想法。交流是协作的开始，要把自己的想法说出来，听听对方的想法。你要经常说这样一句话："你认为这事该怎么办？我想听听你的想法。"

（2）平等待人。即使你各方面都很优秀，即使你认为以自己的力量就能解决眼前的工作，也不要显得太狂傲。要知道没有人是无所不能的，以后你并不一定能完成所有的工作，所以还是要平等地对待对方。

（3）乐观自信。即使遇上了十分麻烦的事，也要乐观，你要对你的同事们说："我们是最优秀的，肯定可以把这件事解决好。"

（4）勇于创新。培养自己的创造能力，不要囿于常规，安于现状，应试着发掘自己的潜力。一个有不俗表现的人，除了能与人合作以外，还需要表现出自己的创新能力。

（5）善待批评。请把你的同事和伙伴当成你的朋友，坦然接受他的批评。一个对批评暴跳如雷的人，是很难有所突破的。

在同一个办公室里，同事之间有着密切的联系，谁都不能脱离群体而单独地生存。依靠群体的力量获得的成功，不仅是个人的成功，同时也是整个团队的成功。相反，明知自己没有独立完成的能力，却被个人欲望或感情所驱使，去做根本无法胜任的工作，那么失败一定不可避免。而且这样的失败不仅是你一个人的失败，同时也会牵连到周围的人，进而影响到整个团队。由此不难看出，一个团队、一个集体，对一个人的影响是很大的。善于合作，有团队意识的人，整个团队也能带给他无穷的收益。一个人要想在工作中快速成长，就必须依靠团队、依靠集体的力量来提升自己。

第五章　借上司的力量壮大自己

成为上司的得力助手

每一个上司为了成就自己的事业，总是千方百计地寻找自己所需要的人才，而这样的人才的第一个特征是服从。服从的员工一定是上司的得力助手。

对上司服从是第一位的。下级服从上司，是上下级开展工作、保持正常工作关系的首要条件，也是上司观察和评价自己下属的一个尺度。

做上司的得力助手，做他分配给我们的工作。上司所承受的压力最大，假如我们能缩短他的工作时间，让他多花心力在重要问题上，相信能为公司带来较多的收益。

有的人企图在人群中脱颖而出，他们认为服从的人是没有创意的人。脱颖而出本来是一个非常好的意识，而且是让你努力奋发的动机，但是有些人却错误地理解了这层意思，当事情并不如他想象的那么顺利时，就专为反对而反对。这样的情况在我们的群体中是不难发现的。譬如，公司规定12点才能进

餐厅，有的人偏偏要 11 点 50 分进餐厅，事实上他不是为了要争取这 10 分钟，而是要向大家证明他跟别人不一样。这样的人渐渐地就会形成一种懒散的习惯、一种对抗的意识，并成为上司的"心病"。

有人说，服从上司的人肯定是谄媚的人。其实，这是一种错误意识。聪明的员工会在服从中有创意。他们会积极配合上司。我们所处的时代是科学技术飞速发展的时代，有些上司原本文化基础较差，专业知识不精。这样的上司，在下属心目中位置并不高，越是这样的上司，对下属的反应越敏感。

如果你有这样的上司，不妨借鉴他多年的管理经验，以你的智慧与才干弥补其专业知识的不足，在服从其决定的同时，主动献计献策，既积极配合上司的工作，表现出对上司的尊重与支持，又能施展自己的才华，成为上司的得力助手。这样的员工有哪个上司不器重呢？

具有大局意识，替上司着想

迈斯是一家儿童营养产品生产公司的售后服务部经理。最近一段时间，他注意到总裁脸色不好，一副心事重重的样子。迈斯很清楚，总裁是在为最近公司所面临的处境而一筹莫展：公司刚刚开发出一种新产品，但还没开始大规模生产的时候，竞争对手就马上推出了一种和这种产品十分类似的新产品，而且价格比自己公司的成本还要低；过去的一个大客户突然宣布破产，欠公司的大笔债务也因此而泡汤；尤其让人头疼的是，公司的许多原材料供应商都抬高了价格。

迈斯意识到公司现在正处于举步维艰的阶段，很多同事都已经离开了公司，在留下来的同事中有一部分实际上也在准备另谋高就，大家的心思根本就没有放在工作上。

看到公司现在的情况，迈斯十分痛心，但是他知道那解决不了任何问题。几天来，他一直在考虑如何尽自己最大的努力帮助公司减轻负担。

后来，迈斯想到了一个人，这个人是妻子米茹的一个远房亲戚，也是一位非常有名的老教授，对儿童食品有过专门的深入研究。于是，迈斯很快联系到了公司产品研发部经理，并带着他来到了那位老教授的家里。通过深入沟通，这位老教授答应和他们公司合作开发一种更加物美价廉的新产品。

这时迈斯才将这一消息告诉总裁。总裁喜出望外，对迈斯的想法与行动颇为赞赏。

在得到了总裁的同意与认可后，迈斯开始全面行动起来，积极筹划，妥善部署。因为迈斯在公司负责售后服务部，他趁着公司的事情暂时不多，把所有的售后服务人员都组织起来，让他们主动到老客户那里进行产品维修和维护工作。

　　几个月之后,公司和老教授合作开发的新产品成功上市了。这种新产品受到了人们的热烈欢迎。老客户们纷纷表示要继续和公司保持长期的合作关系,而且他们还为公司带来了许多新客户。最后,迈斯所在的公司走出了困境。

　　总裁对迈斯为公司所作出的杰出贡献以及在这段时间表现出的巨大潜能颇为欣赏,同时对他能在困难时刻为公司着想、为上级着想的精神颇为感动,在一次董事会上,总裁提议提升迈斯为公司的营销总监,这项提议很快就由公司董事会通过了。

　　任何大的成功都不是着眼于眼前的蝇头小利而取得的。要取得成功,必须从每个细微处着眼,培养自己的大局意识,不计报酬地为上司、为公司奉献出你的智慧与才干。你的这些努力与贡献不会化作泡影,你的行为将会为你赢得良好的声誉。

　　当你的上司面临困境时,你会怎样选择,该做出怎样的选择呢?

　　事实上,选择的权利握在你的手中。你既可以选择事不关己,高高挂起,也可以选择悄然离开你的上司,另觅高枝,当然也可以选择留守职位,承担重任,与上司一起共渡难关。如果你选择了前两者,上司不会因此而对你评头论足,更不会对你的选择横加阻挠;如果你选择了后者,困境中的上司也不会为你提供更为优厚的条件,但是上司却会因此而感激你、信任你,上司会在恰当的时候给予你回报。

与上司共渡难关体现的是一种大局意识。很多时候，拥有大局意识的人常常被别人看成是傻子或者是不可理喻的人。那些自以为聪明的人抱着一种价值观：水往低处流，人往高处走，与上司共享受可以，在没有任何回报承诺的情况下与上司共吃苦、共渡难关那是不可能的。这样的人看似精明，实则最容易吃亏。

想想看，一个只能共享乐不能共患难的员工如何能取得上司的信任？一个只为自己的一己私利而斤斤计较的人如何能让上司相信他？缺乏大局意识的人是不会获得上司的信任与提拔的，这样的人看似保住了眼前的利益，实际上却失去了更大的、更长远的利益。

大局意识是一种很可贵的精神品质。这种可贵的品质并不一定体现在职位去留、升职加薪这样的事中，它常常体现在日常工作的细节之处。正是细微之处见精神，从一个员工在细小地方的表现同样可以看出他是否具有大局意识。

小石是一家大型企业的质检员。有一次，他看见公司的一位宣传员在编撰一本宣传材料。他发现这位宣传员文笔生疏，缺乏才情，编出来的东西无法引起别人的阅读兴趣。因为平时喜爱阅读，有些文采，小石便主动编出一本几万字的宣传材料，送到了那位宣传员的面前。

那位宣传员发现，小石所编撰的这一本材料文笔出众，远

超过自己的水平。他大喜过望,舍弃了自己所编的东西,把小石所编的这一本材料交给了总经理。

总经理详细地把这本宣传材料看了一遍。第二天,他把那位宣传员叫到了自己的办公室。

"这大概不是你做的吧?"总经理问那位宣传员。

"不……是……"那位宣传员战战兢兢地回答。

"是谁做的呢?"总经理问道。

"是车间里的一位质检员。"宣传员回答。

"你叫他到我办公室来一趟。"总经理指派宣传员找来小石。

"小伙子,你怎么想到把宣传材料做成这种样子?"总经理问他。

"我觉得这样做,既有益于对内部员工进行宣传,灌输我们的企业文化、理念和管理制度,更有益于对外扩大我们企业的声誉,加强我们的企业品牌,有利于产品的销售。"小石说。

总经理笑着点了点头。这次谈话没几天,小石被调到了宣传科任科长,负责对外宣传企业文化。不到一年时间,他因为在工作中表现出色,被调到总经理办公室担任助理。

小石帮宣传员编写宣传材料只是一件很普通的事情,却被总经理如此看重。这不仅仅是因为小石编写的宣传材料确实对原来编写的宣传材料在思路上有了改进,文采较为出众,更是因为从这件小事上,可以看出小石所拥有的可贵品质。他虽身为一名质检员，却并没有仅仅局限在自己的职能之内，他以一种主人翁的精神与大局意识关注着公司内的其他事情，只要自己力所能及且能为公司的发展进步作出贡献，他就不怕浪费自己的时间与精力。

作为一名员工，对公司要有一种大局意识，同时要能为上司着想，尽可能地协助上司、服务上司，在上司需要自己的时候努力工作，在上司身处困境的时候能急上司之所急，尽自己最大的能力帮助上司，为上司减轻负担，并在这个过程中提升自己的能力与价值。

与上司打交道有诀窍

作为公司的一名员工，几乎每天都要与上司接触。因而，如何能够更好地和他们打交道，是每一个员工都想知道的事情。

如何与上司交往，既有普遍适用的法则，也有针对各种不同类型上司的具体而特殊的法则。应对不同的上司，应该采用不同的方法，不可一概而论。

所谓"看菜吃饭，量体裁衣"，"到什么山上唱什么歌"，这都是人们经过数百年的实践而总结出来的至理名言。无论做什么事情，如果违背了这些原则，都不可能获得成功。

和上司打交道，首先要给上司留个好印象。怎样才能给上司留下较好的印象呢？具体而言，应当注意以下几点。

1. 要表现出真挚和诚恳

与上司在一起,不要高谈阔论,大谈自己如何如何出色,想极力把自己推销出去。这样只能使上司觉得你是一个华而不实的人。

相反,你应当诚恳地谈谈自己的情况,包括自己的一些优点和缺点,这样会给上司一种实实在在的感觉。

2. 从容自如,不卑不亢

虽然你所面对的是你的上司,但你也不要慌乱、不知所措,而应当在言谈举止上表现出不卑不亢,从容对答。这样上司会认为你有大将风度,是个可用之才。

3. 懂得"礼"比"理"更重要

"礼"指礼貌、礼节;而"理"则是指道理、理由。与上司相处,既需要讲"礼",也需要讲"理"。然而,相比之下,"礼"比"理"显得更重要。

谁都喜欢讲"礼"的人,因为这能使人感到自己得到了尊重。俗话说,礼多人不怪。没有谁会对一个讲"礼"的人表示讨厌。

然而,"理"就不同了。究竟一个人是否讲"理",也很难有较为客观的判断依据。站在不同立场上的人,就有不同的"理"。

假如你觉得自己很有"理",所以就摆出一副好斗的姿态,来教训上司，那么你肯定会遭到上司的厌弃。

上司也有上司的道理，如果你和他摆起争斗的姿态来讲"理"，这件事本身就会使上司认为你并不是一个讲"理"的人。

讲"礼"比讲"理"要更加受大家喜欢，因此，在与上司相处时，不妨多讲些"礼"。即使你想和上司讲"理"，最好也按照讲"礼"的程序去做。

4. 实力是最重要的

所谓"实力"，是指有才华，有能力，在工作中表现出色，能够取得比别人更好的成绩。

如果没有实力，即使你利用一些技巧获得了上司的欢心，那也只是暂时的。久而久之，上司会认为你是"马尾拴豆腐——提不起来"。

因此，若想赢得上司的赏识，自己必须具备一些实力才行。而拥有实力的最佳办法，当然是不断学习和实践。

公司里的薪水不是那么容易拿的，而升职加薪也不是仅凭说一说就可获得的。只有具备一定实力的人，才能获得上司的欣赏。

总之，只有掌握好与上司打交道的诀窍，你才能赢得上司的赏识，从而在职场中走得更稳、更好。

借助别人的力量壮大自己

设法赢得老板的赏识

在职场上,要想获得长足的发展,就要赢得老板的赏识与器重。我们除了要不断提升自己的能力外,还要培养优秀的品格。

在户外广告招标会上,一家广告公司抢夺到了上海市区地理位置最佳的街道。

但遗憾的是,公司不久就因为做这些广告的前期投入过大,出现了财务危机。员工连续两个月都没有拿到薪水了,工作也渐渐失去了干劲。有些员工看到公司濒临破产就辞职了。

老板看到这种情况,承诺在下个月把工资和奖金一起发到大家手中,希望大家能够坚持下去。

很快,期限就到了,公司还没有转机,老板还是拿不出钱来发工资。员工们很气愤,集体提出了辞职。

在这些员工走后,老板发现唯独有一位员工还坚守在自己的岗位上,老板问他:"人家都走了,你为什么不走?"

这位员工说:"公司的存亡有我一份责任,我要和你共同坚持下去。"

老板拍了拍这位员工的肩膀,感动得说不出话来。

两个人在坚持几个月后,老板实在无能为力,只好将公司低价转让。在签订转让合同时,老板只提出了一个独特的条件:

把那位老员工留下，当市场部经理。

新公司老板问道："现在优秀的人这么多，你为什么要我重用他？"

老板说："企业需要的不仅是员工的优秀，还有员工的忠诚。"

新老板听了介绍，也很赏识这位老员工。接收公司后，如约让他担任了市场部经理。

老板最看重的一条就是下属是否对自己忠心。下属的忠诚对老板来说尤其重要。当老板在工作中出现失误时，不能冷眼旁观，要热情地帮助老板。

具体来说，在职场上，要想赢得老板的赏识与器重，需要注意以下几方面内容。

1. 不要错过表现自我的机会

在关键时刻，老板会清楚地认识与了解下属。人生难得好机会，不要错过表现自己的良机。当某项工作陷入困境时，如果你能大显身手，就会让老板重视你。

2. 要学会和老板交谈

与老板谈话时要尽量找一些轻松的话题，令老板充分地发表意见，你适当地做一些补充，提一些问题。这样老板便知道你是有知识、有见解的，自然会认识到你的能力和价值。

总之，在职场上，你要学会赢得老板的欣赏，这将有利于

你取得成功。

和上司保持一定的距离

有人说，身处职场，要想升职、加薪，就要和上司拉近距离。事实真是这样的吗？我们不妨先来看下面这个故事。

小王和小张是老乡，大学毕业后两人进入同一家公司。两个人关系不错，平日里几乎无话不谈。不久，小张成了小王的主管，但小王还是把小张当成自己的哥们，经常开他的玩笑。粗心的小王没有发现，自从小张当上主管以后，虽然口口声声说小王还是他的哥们，但对小王已经不再那么热情了。

不久，公司要外派一名技术员去外地分部工作，这是一项苦差事，因为谁也不愿去那么远的地方工作。大家都担心这项差事会落到自己的头上，只有小王心里面没有这个担心，因为他觉得自己和小张是好朋友，小张不会不照顾他的。可是，总公司下来文件，出乎意料的是，派去外地分部工作的恰恰是小王。小王实在不想去，于是，他仗着和小张是好朋友，就去求小张，想让他向总公司说情，换别人去。

"这事总公司已经定下来了，再换人已经不合适了。再说，大家都知道我们是朋友，换别人的话，今后我就没办法管理别人了。"小张一口回绝了小王。

小张还给了小王两个选择，要么辞职，要么去分部工作。

其实，关于派谁去分部工作，总公司是让小张定夺的，正是小张推荐了小王。

按道理说，小张和小王是好朋友，小张应该帮助小王才对，可是，小王哪里明白，自己和小张走得太近，使得小张有了危机感，所以才对他发难。

小王所遭遇的还不仅仅是被调离得远远的，自从小张被提升为主管以后，同事也和小王疏远了很多。因为同事觉得小王和小张什么话都说，万一哪天自己不小心说的话被小王传到了小张耳朵里就不好了，于是很少有同事和小王打交道了。

在上面的故事中，小王虽然与上司过去是哥们关系，但那毕竟是"曾经的故事"了。当曾经的"哥们"已经成为你的上司时，如果你还是认为你们之间仍然是"亲密无间"的话，那最后吃亏的一定是自己。

上司就是上司，你们之间是领导与被领导的关系，你永远都不可以越过这条线，更不可以不分场合地展示你和上司的朋友关系。

所以，作为下属，务必要学会与上司保持一定的距离。也就是说既不能和上司过于亲密，又要和上司保持融洽的关系，那么到底应该怎样把握这个度呢？下面几点可供参考。

1. 时刻提醒自己，上司和自己不一样

上司毕竟是上司，他需要得到下属的尊重，容不得下属总是和自己称兄道弟。

2. 少打听上司的隐私

任何人都不希望自己的隐私被别人知道，上司也是这样。所以不要向他人打听上司的隐私，即使知道了上司的一些隐私和秘密，也不要去宣扬。

3. 尽量少在工作场所和上司开玩笑

哪个上司都不想一进办公室就被下属开玩笑，所以，工作的时候，该认真还是要认真，该严肃还是要严肃。

总之，要想和上司保持良好的关系，保持合理的距离是必要的。

不妨把成绩归功于上司

我们在讲自己的成绩时，往往会先说一段套话：成绩的取得，是上司和同事们帮助的结果。这种套话虽然乏味得很，却有很大的妙用，会显得你谦虚谨慎。下面这个故事说的就是这个道理。

龚遂是汉宣帝时代一名能干的官吏。当时渤海一带灾害连年，百姓不堪忍受饥饿，纷纷聚众造反。当地官员镇压无效，束手无策，汉宣帝派70余岁的龚遂去任渤海太守。

龚遂单车简从到任，安抚百姓，与民休息，鼓励农民垦田种桑，规定农家每口人种一株榆树，100棵薤白，50棵葱，一畦韭菜，养两头母猪，5只鸡。对于那些心存戒备、依然带剑的人，他劝喻道："干吗不把剑卖了去买头牛？"经过几年治理，渤海一带社会安定，百姓安居乐业，温饱有余，龚遂名声大噪。

于是，汉宣帝召他还朝。龚遂有一个属吏王先生，请求随他一同去长安，说："我对你会有用处的。"其他属吏却不同意，说："这个人，一天到晚喝得醉醺醺的，又好说大话，还是别带他去为好。"龚遂说："他想去就让他去吧。"

到了长安后，这位王先生终日还是沉溺在醉乡之中，也不见龚遂。可有一天，当他听说皇帝要召见龚遂时，便对看门人说："去将我的主人叫到我的住处来，我有话要对他说。"

对此龚遂并不计较，还真的来了。王先生问："天子如果问大人如何治理渤海，大人当如何回答？"

龚遂说："我就说任用贤才，使人各尽其能，严格执法，赏罚分明。"

王先生连连摇头道："不好，不好。这么说岂不是自夸其功吗？请大人这么回答：'这不是小臣的功劳，而是被天子的神灵威武所感化。'"

龚遂接受了他的建议，按他的话回答了汉宣帝，汉宣帝果

第五章 借上司的力量壮大自己

然十分高兴，便将龚遂留在身边，任以显要而又轻闲的官职。

　　好的东西，每一个人都喜欢；越是好的东西，越是舍不得给别人，这是人之常情。要是你有远大的抱负，就不要斤斤计较成绩的取得究竟你占有多少功劳，而应大大方方地把功劳让给你的上司。这样上司以后少不了再给你更多建功立业的机会，这样你的职场之路也会越走越顺。

第六章　借下属的力量壮大自己

人才也是一种力量

人才是事业发展的助推器。成功创富的百万富豪们更离不开各种人才的鼎力相助。只有让优秀的人才发挥他们的长处，才能不断创造财富。

在经营管理中如何做到"以人为本"？答案就是必须重视人才的作用，做到求贤若渴。

对于真正的人才，不少管理者都有"三顾茅庐"的精神。

刘备在遇到诸葛亮之前，一直是屈身守分。他自从参加镇压黄巾军以来，一直没有自己固定的地盘，没有多少兵力，更没有政治势力，总是辗转于他人门下，先后跟从公孙瓒、陶谦、曹操、袁绍、刘表等人，四处奔波劳碌，一无所成。

刘备暂依刘表时，得遇司马徽。司马徽问刘备："久闻明公大名，何故至今犹落魄不偶耶？"刘备说："命途多蹇，所以至此。"司马徽说："不是这样。只是因为将军左右不得其人。"随后，司马徽向刘备举荐诸葛亮。于是刘备决定亲自去请。

借助别人的力量壮大自己

刘备同关羽、张飞来到隆中，爬上卧龙岗，找到几间茅房。刘备下马敲门，一位小书童出来答话。刘备说："刘备前来拜见卧龙先生。"小书童说："先生不在家，一早就出门了。"刘备问："去哪儿了？"小书童说："踪迹不定，我不知道他上哪儿去了。"刘备再问："什么时候回来？"小书童不耐烦了："我不知道。"刘备只得请小书童转告诸葛亮，率关、张离开卧龙岗。

几天后，刘备派人打听到诸葛亮已回，便决定再次拜访。这天寒风刺骨，下着大雪。张飞不耐烦了，不愿意去见诸葛亮。刘备耐心解释："我正要让诸葛亮和天下众人知道我殷切之心。"三人顶风冒雪，来到卧龙岗，可惜诸葛亮外出会友去了，刘备只得怏怏而返。

又过了些日子，刘备决定三访诸葛亮，关羽、张飞反对，刘备耐心解释，他们才同意一起去拜访诸葛亮。

诸葛亮被刘备的诚意所打动，迎接刘备进屋，询问刘备多次来访的意图。刘备说："汉朝衰败,奸臣窃取政权。我不自量力，但只想为天下伸张正义，完成统一大业，恢复汉朝统治。过去我因智谋短浅，无所成就。希望你启迪我，筹划大业。"诸葛亮随即说出具有决定历史进程的一段话。他首先分析了曹操和孙权的情况。接着，他又分析荆州刘表和益州刘璋的情况。最后，他又针对刘备说："你是皇帝的后代，信誉扬于天下，你可以借助这些优势广泛招集众多的贤人名士。如果你能占据荆州、益州，在要地设防，西和诸戎，南抚彝、越，外结孙权，内修政治，一旦局势变化，你可命令一位上将率领荆州的部队向宛城进军，你亲自率大军出秦川，到那时，百姓谁不携食捧酒迎接你呢？如果真能这样，统一全国的大业就能成功，衰败的汉朝就可以复兴了。这就是我为你谋划的计策，望你采纳。"一席话说得刘备茅塞顿开。诸葛亮这一番话确立了三分天下的定势，确立了刘备的政治前景与纲领。

刘备得诸葛亮就似鱼儿得水。从此，诸葛亮鞠躬尽瘁，死而后已：博望烧屯，火烧新野，屡败曹操，舌战群儒，联孙抗曹，取得赤壁大捷，奠定三国鼎立局势，为蜀国立下汗马功劳。

作为一个企业管理者，你必须明白，人才也是一种力量，只有善用人才，企业才能得到发展，财富才能越积越多。

美国钢铁大王安德鲁·卡内基特别善于用人。他认为，在企业各种要素中，人是最可贵的。用人的恰当与否，直接关系到企业的发展。不会用人的管理者，不能算是一个好的管理者。卡内基不仅能发现和使用人才，而且能千方百计地留住人才。当卡内基向钢铁业大规模进军的时候，他四处搜罗人才，终于找到了两位制造钢铁的奇才。一位是年仅30岁的亚历山大·霍利。他有高超的制造钢铁技术，发明了酸性转炉炼钢法，这种方法是使设备和人员高效率运转以求得最大效益，而在设备过时之前就将它废弃，并用新的技术、设备来替代。另一位是

> 第六章 借下属的力量壮大自己

36岁的琼斯。他是霍利的助手,光是钢铁生产技术方面的专利就有十几项,并一手筹建了位于布罗多克地区的钢铁厂,被卡内基破格任命为厂长。卡内基给了他和当时美国总统同样的年薪——2.5万美元。这两个人才为卡内基钢铁事业的发展作出了巨大的贡献。卡内基用人就是这样:不会因为此人有弱点就弃而不用,而是扬长避短,充分发挥一个人的长处,使他更好地为企业工作。同时,这部分人因为得到信任,会加倍努力来证明和实现自己的价值。卡内基曾经说过一句名言:"将我所有的工厂、设备、市场、资金全部拿去,但只要保留我的组织人员,四年之后,我又将是一个钢铁大王。"

从传统企业发展到现代企业的一个重要标志,就是认识到人才在企业中的地位和作用。企业要发展,人才是关键。尤其在知识经济时代,知识、信息、智力已经成为社会发展的重要资源,人才则是企业的第一资本、第一资源。那么,企业管理者如何用好人才呢?要用好人才,一定要坚持以下原则:用其所长,避其所短;量才适用,人尽其才;用人不疑,疑人不用;明责授权,赏罚分明。只有这样,才能充分调动人才的力量,使自己和企业不断发展。

"英雄不问出处"

公司招聘贤才一定要多看"贤能",不管"英雄"出身何处,只要能有好"身手",都要为我所用,而不必纠缠各种细枝末节。这是招聘人才的重要原则。通常,许多有特长的员工在专业知识上比一般员工表现得出色,工作上认真踏实,所以,上司一定要注重招聘有特长的员工。

某省有一个荒无人烟的山坡,周围森林密布,人迹罕至。然而,就是这样荒凉的地段上却有一家生产茶叶的公司,该公司董事长叫李胜。

李胜在山顶建造这家茶叶公司是出于茶叶生产卫生要求的考虑,他要建顶尖的茶叶生产厂房。同时,将车间建在远离闹市的山顶,还有一个十分重要的原因:这个山坡四周都是森林,常年云雾缭绕,空气清新,是生产市场上需要的高档有机茶的好地方。

李胜虽然开发了生产高档有机茶的好地段,但是缺少一位有经验的管理人才。为此,李胜特意向朋友们打听,登报招聘,希望能够找到一个理想的管理者。有人向他推荐了一个人,他是该省有着30年生产茶叶经验的老刘。老刘曾经将一个濒临倒闭的茶场做成全国有名的企业。这个老刘出身不太好,父母也没有什么文化,但老刘却凭借勤奋和努力干出了一番事业。李胜觉得这是一个良机,于是决定将老刘聘请到自己的公司。李胜打听到老刘的住址之后,便驱车来到他家。让他没有想到的是,老刘听说他的来意之后,就有些不耐烦了,觉得他们公

第六章 借下属的力量壮大自己

借助别人的力量壮大自己

司的条件不好，所以不愿去。老刘的话如同一盆凉水泼在李胜头上，李胜无奈，只好忍气走出了老刘的家。

李胜在回家途中仔细思考：老刘也曾见过大世面，又有丰富的种茶经验，自己的公司简陋，不受他欢迎也在情理之中。

李胜并非是一个轻言放弃之人，他从与老刘的谈话中发觉，老刘的确有丰富的茶叶生产与管理经验，是一个很好的人才。于是，他下定决心要将老刘请出来。

有一次，天降大雨，李胜再次来到老刘家中。这次，老刘并没有直接拒绝李胜，而是将他请进屋里，为他泡上一杯咖啡，然后耐心地对他讲道："李经理啊，不是我不肯相助，只是你的公司太简陋了，再加上生产茶叶的基础条件也很落后，我实在无能为力呀。"无论李胜怎样相请，老刘并不为之所动。这一次，李胜又失败了。

李胜不甘心就这样失败了，他很需要老刘这样的人才来辅助自己。一个偶然的机会，李胜知道了老刘儿子的生日。于是，李胜专门为他送了一件生日礼物。老刘的妻子见到李胜送给儿子的礼物后很感动，得知李胜的来意之后，便耐心地劝说老刘："李先生如此有诚意，你就帮他共同发展吧。"老刘听了妻子的话后，也被李胜的真诚所感动，于是他决定帮助李胜开办公司。

在老刘的帮助下，李胜的茶叶公司更新了生产技术，加强了内部管理，产品质量遥遥领先，销售量迅速上升，获得了良

126

好的经济与社会效益。

人才难求，优秀的人才更难得。看准优秀人才，别问其出身，努力去争取，成功就会属于你。

随着业务的不断发展，每一家公司内部都需要增添一些新鲜"血液"，但招聘的人才与公司的需求不符，公司就难以有活力。因此，招聘人才首先要避免陷入以下误区之中。

（1）"文凭"误区。文凭的确能够代表或说明一个人的文化水平，但我们不能将文凭学历看得太神圣、太绝对。因为文凭并不等于知识，也不等于才能，更不等于贡献。

（2）"专家"误区。为了确保招聘质量，公司上司可能会组织一支由各类"专家"，如人力资源专家、专业技术人员、心理测试专家等组成的招聘队伍。这些"专家"都是精兵强将，但在招聘方面也许发挥不出太大的作用，因为具体的岗位需要什么样的角色，他们不会太清楚。所以，上司需要请一些行家来评判，如请对岗位熟悉的人来招聘新员工。

（3）"精英"误区。在公司招聘时，聚集"大人物"并非就能组成"大团队"，即将所有令你满意的人放在一块并不一定会取得使你满意的工作成果。一个好的团队中，往往是你擅长这方面，他精通那方面，各有所长，各有所短。将这样的人们组合在一起才能打造好团队。

（4）"经验、直觉、测试"误区。经验、直觉、测试虽很重要，

但不能过分依赖。因为心理测试不一定能提供准确信息，有时反而会掩盖应试者的实际能力。

总之，作为现代管理者，在招聘人才时，一定要大胆向传统模式挑战，做到"英雄不问出处"，只有这样才能招聘到企业真正需要的人才。

识人要识到骨头里

招聘员工时，不能只看外表，而应该探究深层次的东西。识人要识到骨头里，说的就是这个道理。只有独具慧眼，看清楚一个人的本质，才能选到合适的人才。

美国富豪保罗·盖蒂是靠经营石油发迹的，他拥有的资产超过40亿美元。盖蒂之所以能够发财致富，非常重要的一个原因就是他善于用人。他在洛杉矶的油田起初因经营管理不善，效益不是很好。后来，他以高薪诚聘了管理大师乔治·米勒来经营管理这些油田，结果，盖蒂的油田产量和利润步步上升。

盖蒂十分重视用人的方法，他将雇用的人分为四类。

第一类，不愿受雇于人，宁愿冒风险创业，喜欢自己当上司。这类人自己干工作时往往表现得十分出色。

第二类，虽然他们富有创意和干劲儿，但是不愿自主创业，喜欢为别人工作，宁愿从自己出色的表现中分享到所创造的成果。

第三类，不喜欢冒险，对上司忠心耿耿，办事可靠认真，满足于薪水生活。他们在安定的环境中表现良好，但是缺乏顽强进取的精神。

第四类，他们丝毫不关心公司的盈亏，关心的只是按时领到工资。

盖蒂认为第一、第二类人头脑中充满了"成本"与"利润"的意识，第三类人很少具有这种意识。当然上司愿意用第一、第二类人，按照工作需要用第三类人，一般不用第四类人。

有一次，盖蒂来到他的一家分公司检查工作，发现该公司营运状况很差。经过了解得知，该公司的三名高级管理人员就是第四类人。于是，盖蒂交代会计部在他们的工资中扣除了五美元，并吩咐会计部，若三人有异议，请他们直接找上司理论。

事情果然不出盖蒂所料，那三个人很快就找他来理论了。盖蒂借机将他们训斥了一番，有两个人受到训诫后，很快便努力工作。另一个人依然如故，很快便被盖蒂"炒了鱿鱼"。

怎样才能寻找到真正的"千里马"呢？我们可以从以下几个方面来考虑。

（1）工作态度。对于公司来说，工作态度及敬业精神是公司招聘人才时应该首先考虑的条件。忠诚、工作主动的人是最受欢迎的，而那些耐心不足、不虚心、办事不踏实的人，公司

第六章 借下属的力量壮大自己

是不欢迎的。

（2）专业能力或学习潜力。在当前形势下，社会分工细致，每个行业所需要的专业知识越来越精深。所以，专业知识、工作能力、学习潜力已经成为公司招聘人才时需要考虑的主要问题。具备较高的专业能力与学习潜力的员工，往往能够适应时代发展的要求，能够为公司创造良好的经济效益。

（3）思想品质。良好的思想品质是一个人为人处世的根本，也是公司对人才的基本要求。一个人再有学问，再有能力，倘若道德品质败坏，将会给公司造成很大损害。因此，公司为了自身的发展和形象的树立，对求职者的思想品质都十分重视。

（4）沟通能力。随着社会的不断开放与多元化，沟通能力已逐渐成为现代人必备的能力之一。对于一家公司的员工来说，必有面对上司、同事、客户等的情况，甚至还需要处理公司与同行、社区居民之间的关系，这时往往需要一定的沟通能力。

公司的竞争就是人才的竞争，人才是公司的根本，是公司宝贵的资源。因此，如果想选择优秀员工为公司工作，壮大公司和管理者自身的力量，就要具有识别人才的慧眼，挑选出优秀的人才。

大胆起用比你优秀的人

对于企业的经营者来说，起用比自己能力强的人不是件易事。因为经营者唯恐手下的员工比自己能干，更怕这些人有朝一日会将自己取代。

其实，这种想法是很狭隘的。要想获得成功，仅仅依靠自己是远远不够的，还需要有聪慧伶俐、出类拔萃的人为你出谋划策。

"敢不敢聘用比自己优秀的人"是上司在用人时对自己最大的考验。"他都比我强了，在其他员工看来，他是上司还是我是上司？"这是许多上司经常说的话。这种武大郎开店——不允许伙计胜过上司的心态一目了然。

受这种心态支配，上司通常希望别人用放大镜来看他，而他却用显微镜看别人。当比上司能力强的员工在工作方面得到各部门的支持时，上司会觉得他们是在动摇自己的权威。于是，上司便会想方设法地压制他们，结果极大地挫伤了员工的积极性。

"武大郎"的心态归根结底是一种弱者的心态，外表装作强硬正表现出内心的脆弱，反映出自信心的极大匮乏。真正的强者愿意接纳优秀的下属，因为他有信心控制局面。这样的上司更看重的是人的才能和企业发展的大计。

我们也经常看到如下这种现象。

一个上司聘用了一批庸才，然后却抱怨这些人一点干劲都没有，更没什么创新意识。后来他逐渐发现不对劲了，开始思考

借助别人的力量壮大自己

自己为什么聘用到这么多庸才。

上司不雇用一流的人才并促使他们做出一流的成就，就只能将自己的公司降至二流、三流，甚至不入流。

寻找优秀人才有多种途径，可以通过亲戚朋友介绍，这个方法直接快速，尤其是现有工作人员的推荐。也可以吸引人才前来应聘，然后百里挑一，这种方法选择范围大，是寻找员工的有效措施，当需要人员较多时比较适用，通常会找到优秀的人才。

有位范先生正在筹备组建一家公司，他虽然只有小学文化，但他深知人才对一个企业发展的重大作用。因此他总是四处寻找那些比自己优秀的人才。他曾委派人赴美国考察，并物色人才。在国内，一批有真才实学的实干家也先后被范先生招聘到公司，成为中坚力量。范先生还经常到各高等院校去招聘优秀毕业生，这样又寻找到一批优秀人才。

范先生一方面到处物色人才，另一方面着力于人才的培养工作。通过三年的培养，这些人中出了一批技术人员，不少人后来成了工程师、总工程师。

在企业的一切要素中，人才是最重要的，有了人才，企业才能具有活力。

欲成大事的上司能将比自己能力强的人才招揽到自己旗下，并且诚心相待，并通过这些优秀人才的力量壮大自己，获得成功。

用好团队中的关键人才

一家公司要想向前发展，一位经营者要想创造良好业绩，离不开杰出人才的辅佐。有出色的人才为你出谋划策，你才能成就一番事业。

出色人才是团队中的关键人物，是公司的顶梁柱，对公司的发展有着至关重要的影响。这样的人才倘若流失，对公司将会是很大的损失。每一位经营者都要礼贤下士，给关键人才创造良好的工作氛围，用诚心换取关键人才的事业心，让他感受到知遇之恩，从而做到知恩图报，发挥自己的潜能，为公司的发展付出努力。

有位私营企业的总经理曾经成功地挽留住一位想跳槽的关键人才。

这位人才名叫张有德，是一所高等学府的毕业生。他毕业后就职于这家私营公司。在一次人事改革中，张有德由起初的项目部副经理降为项目主管。

张有德不仅为失去重要职务而羞怒，而且为在原有部门与同事相比降了级而沮丧。他觉得公司的人事政策非常有问题。倘若公司要免除自己的项目部副经理之职，只需要将他调任到别的部门即可，不应该让他在原有部门受辱。十分气愤的张有

德准备找公司总经理理论，然后写辞职报告。

张有德见到公司总经理后，愤怒地说："公司的做法不当，我要选择离职。"总经理仔细聆听着，连连点头表示赞同。

张有德将话说完后，总经理面带微笑，一面称赞他的才华，一面表示要认真为他解决难题，请他安心留在自己的公司，并向他讲述了人生哲理，劝张有德不必为一些小问题而坐卧不宁。

总经理的一番话使张有德的怒气全消了，张有德不再想着离开这家公司了，同时他感到自己不应该斤斤计较。张有德后来在这家公司的表现果然十分好，成绩优秀，因此一直受到重视。

上述故事说明，倘若公司管理者处理得好，那些因为感到自己的价值没被公司重视而想辞职的人就会留下来，为公司多作贡献。

公司中的关键人才通常具有特殊的才华，或是管理精英，或是销售高手，或是技术骨干，他们是某一个部门的支柱。将关键人才留住，能够减少因缺少这样的人才而带来的损失，是壮大自身力量的有效方式。

不要任人唯亲

任人唯亲，指的是公司经营者在用人时重用亲戚、朋友。按照一般的规律，在现实中，那些被公司经营者所了解熟悉的人得到重用的机会多一些，这十分正常。因为公司经营者没有必要重用一个自己不了解的人，那样风险太大。但这不能成为任人唯亲的借口。因为任人唯亲者只用亲者，即使亲者没有才能也要重用；而对于非亲者，即使德才兼备也弃之不用。许多公司私营者之所以任人唯亲，主要认为亲者可信，亲者可用，亲者可靠，但是，这种做法却可能使公司经营滑坡甚至倒闭。

下面这家电脑公司的倒闭就是任人唯亲造成的。

这家电脑公司之所以失败，与其在市场预测、产品开发和定位上存在的偏差有关，但是失败最大的根源在于经营者任人唯亲的观念。

公司经营者在经营管理过程中，片面强调家族企业的家族继承性，将公司的领导权交给自己没有本事的儿子。他一再强调，不愿意丧失公司的控制权，让外人掌管自己多年苦心操作的公司。当他的后代被证明并不适合继承他的事业的时候，他仍旧固执地坚持自己的选择——让无德无才的长子接班。

长子大学毕业之后，有几个夏天是在这家公司度过的，他被轮流安排到公司的各个部门去锻炼。公司经营者这样做，其一是让自己的儿子熟悉公司的人及环境，其二是为了让儿子接触了解公司里一位名叫约翰·卡宁汉的人。卡宁汉在公司里十分优秀，他同公司经营者共同制定了使公司快速发展的策略，深受公司经营者的器重，并且是唯一一位公司经营者家族以外

借助别人的力量壮大自己

的能影响其决策的人。在当时，许多人都认为卡宁汉使公司取得了成功，他是能够使公司发展的最佳人选。但他并没能像人们所想的那样被推上领导岗位，因为他不在公司经营者家庭成员之列。

1986年1月，公司经营者任命36岁的儿子为公司总裁，董事会成员们都担心他缺乏领导经验。董事们劝说公司经营者招聘一位专业经理，挑选一位聪明且富有经验的人来管理公司。然而，公司经营者却一意孤行，坚持让自己的儿子接班。

自从1986年公司经营者的儿子接手公司以后，公司一年竟亏损了四亿多美元，公司股票三年下跌了90%。这个新的接班人并没有像父亲那样从多年的奋斗中积累到经验，也不善于从实践中学习，更没有像父亲那样的开拓精神和个人魅力，无法赢得员工们的支持与信任，在复杂的商场中显得十分脆弱和幼稚。他将公司搞得支离破碎，使公司很快崩溃瓦解。

任人唯亲，是许多经营者致命的硬伤。一个不谙用人之道的经营者，就如同无头苍蝇，抓不住目标，并使公司最终也滑向失败的边缘。用人艺术是每一个经营者的必修课，只有掌握了用人艺术，才能充分调动下属的力量，在商场上立于不败之地。

学会授权，懂得授权

一个人的体力和精力是有限的。一旦任务超出了自身能够承受的范围，工作起来往往会有力不从心之感，经常会顾此失彼，甚至可能捡了芝麻、丢了西瓜。一些单位的领导常常"两眼一睁，忙到熄灯"，结果成了忙忙碌碌的事务主义者。

如何解决领导工作任务多、工作时间少的矛盾呢？一个行之有效的办法是授权。领导只对直接下级行使一定的权力，这样领导就能够节约一定的时间，用于了解情况、进行学习、联系下属等。

美国有一个名叫汉斯的人，他凭借自己的努力把先前自己的一家小店铺发展成了几家大型的百货商店。公司的规模扩大后，汉斯依然采用管理小店铺的老办法进行管理。哪个管理者做什么、该怎么做，哪个员工做什么、该怎么做，他都交代得非常细致并有严格的规范。

结果，有一次，他因处理业务外出，还不到一周，反映公司大小问题的信件就源源不断地到他手中，等待他来处理。这迫使汉斯不得不赶紧打道回府。

再有一个例子，有家公司的经理张先生要到国外出差一段时间。临走前，他把公司的大小事务安排得清清楚楚，并告诉下属们，如果单位有什么问题，立即通过电话向他汇报。张先生在单位就是一个做事仔细、什么事都要亲自下命令的人，虽然他有不少处理日常事务的下属，但他从不把决策权交给他们，因为他不相信这些下属的能力。

然而，由于不可预料的原因，张先生不得不在国外待更长的时间。他想："我不在，公司这下可糟了，不知道那个姓陈的副经理能否把公司的事处理好。"张先生一脸的忧愁。

当这位忧心忡忡的张先生回国后，他发现，公司的运转并没有因为他不在而受到什么影响，一切依然井井有条。下属们也各自担负起自己的责任来，碰到了困难，或一个人不能决定的事，大家就互相商量，最后再做决定。

这时，张先生恍然醒悟："我以前总认为只要我不在公司，业务就一定会停止，现在我才知道那是我太自信了。虽然我一个多月不在公司，但是他们做得比我在的时候还要好，这让我惊讶。但更重要的是，这次出差让我知道了，公司日后的工作不能只靠一个人，而要靠大家的通力合作。"

能不能分清和正确处理大事与小事、有无勇气大胆授权，是领导工作有无成效或者成效大小的关键所在。那么，授权应分为哪几步呢？

首先，要确定授权对象。权力授给谁，领导首先要考虑这个问题。而且，在做出决定之前，必须考虑很多的因素，这里着重讲的是授权对象愿不愿意接受领导者授予的权力。领导者应当明白，员工也是有自己的想法的，因此授权时不可强人所难。这就需要领导者把权力授予愿意接受权力的人。

其次，要明确授权内容。领导向员工授权，必须明确哪些权力可以下放，哪些权力不能下放。领导的权力保留多少，要根据不同任务的性质、不同环境和形势以及不同的员工而定。

最后，要选择合适的授权方式。一般来说，有模糊授权方式、惰性授权方式和柔性授权方式三种。

宾夕法尼亚州有一家服装连锁公司，凯瑟琳是这家公司的老板。她让每一位销售人员承担某种品牌服饰的销售权。例如某种品牌的皮带。销售人员全权负责从生产到销售的整个过程。这是典型的模糊授权。这种授权有明确的工作事项与职权范围，领导者在必须达到的使命——目标方向上有明确的要求，但对怎样实现目标并未做出要求，被授权者在实现的方式方面有很大的自由发展空间。

迪拉德百货集团的执行副总裁亚历克斯·迪拉德深知：一名分店经理比公司总部的任何主管都更了解自己店里的情况。他亲自走访了230个分店之后，更加坚信，各店的经理最知道如何摆放店内货物的位置，货物怎样陈列才容易售出。放开分店经理们的"手脚"，让他们按照自己的意图去做，这就是迪拉德的管理诀窍。这是典型的惰性授权。其特点是领导者或决策者由于不愿意多管琐碎纷繁的事务，或自己也不知道该如何处理，于是就交给员工处理。

卡尔顿公司的每一位员工都可以自行动用最高达2000美元的经费，用于做他们认为有必要做的事情，或是当场解决客户

的问题，公司领导从不过问钱的去向。这是典型的柔性授权。其特点是领导者对被授权者不做具体工作的指派，仅指示一个大纲，被授权者有很大的发挥空间。

最后，需要特别强调的是，权不可不授，却也不可乱授。授错了人，很可能会误事或坏事。一般来说，可以将权力适度授予以下几种人。

1. 忠实执行领导命令的人

一般来说，领导下达的命令，无论如何也得忠实执行。这是员工必须遵守的第一大原则。

如果员工的意见与领导的意见有出入，当然可以先陈述自己的意见。陈述之后，如果领导仍然不接受，就要服从领导的意见。

忠实执行领导命令的人易于管理，可以适当授权。

2. 知道自己权限的人

被授权之人必须认清什么事在自己的权限之内，什么事自己无权决定。如果发生某种问题，而且又是自己权限之外的事，要立即向领导请示。

3. 勇于承担责任的人

有些人在自己负责的工作发生错误的时候，总是举出许多理由来辩解。这种将责任推卸得一干二净的人，实在不能信任。

而另一种人不管原因何在，都能为错误负起全责，并主动对领导说一声："是我工作不力，责任心不够。"这种人很少辩解，很少把责任归咎于他人，因此值得信任。

4. 不是事事请示的人

这种人从不把琐事——搬到领导面前去请示，他们懂得轻重缓急，分得清利弊得失。

这种人对领导没有过分的依赖心理。要知道事事请求不但增加了领导的负担，而且自己也很难成长。

5. 准备随时回答领导提问的人

当领导问及工作的方式、进行状况，或是今后的预测，或是有关的数字，这种人都能立即回答。

好多员工被问到这些问题的时候，还得向其他人探问才能回答，这样的员工，不但无法管理部属与工作，也难以成为领导的辅佐人。好的员工总是随时掌握职责范围内的全盘工作，在领导提到有关问题的时候，都能立刻回答。

6. 致力于消除领导误解的人

领导也会犯错误或是发生误解。对于工作方针或是工作方法，领导有时也会判断错误。

领导的误解往往波及部下晋升、加薪等问题。碰到这个情况的时候，这种人从不袖手旁观，而是竭力帮助领导消除误解。

7. 向领导提出问题的人

高层领导由于事务繁忙，平时很难直接了解各种细节问题。

能够确实了解问题的人，一般非中下级干部莫属。这种人常常能向领导提出所辖部门目前的问题以及将来必然面临的问题，同时一并提出对策，供领导参考。

由此可见，如果企业的领导包办一切，什么都管，而不给其下属一定的自由和权力，那么，不仅自己很劳累，也容易给企业培养一批不愿动脑、没有开拓精神的员工。因此，作为领导，要学会授权，这样工作才能更好地开展下去。

下达命令也要讲究技巧

下达命令是领导的一项日常工作。下达命令看似简单，但也要讲究技巧，否则，效果可能会大打折扣。

怎样下达命令才会使你的想法得到彻底的实施呢？怎样才能使下属积极、主动、出色、创造性地去完成工作呢？重要的一点就是要让下属理解你的指令，知道你的判断是正确的，必须不折不扣地执行，这样他们才能采取行动。领导下达命令的第一条原则就是在你与下级之间创造一种相互理解、信任和合作的气氛。

比如，如果你是一位单位主管，你是不是经常这样说："××，把这份材料赶出来，你必须尽你最快的速度，如果明天早上我来到办公室，在我的办公桌上没有看到它，我将……"或者是："你怎么可以这样做？我说过多少次了，可你总是记不住！现在把你手中的活停下来，马上给我重做！"

你以为自己是管理者，有权力这么做。可是要知道，尽管你是管理者，他是小职员，可是在人格上你们是平等的。所不同的只是你们的分工不同，职务不同。就算是管理者比下属具有更多的权力，那也是由"管理者"这个职务带来的，而不是你自身与生俱来的！你的这种粗暴的态度激怒了下属，并让工作氛围变得很不和谐！

某生产车间因为生产任务比较繁重，现场略显脏乱。A君为生产部门主管，他看到此现象后非常不满意，把车间主任B君叫到跟前，大声说道："看看你的车间，又脏又乱，赶紧收拾一下！"B君回答："生产这么忙，哪有工夫收拾这些！"A君想想也是，随即无声响地离开了。

过了一会儿，生产部经理C君来到该车间，也发现了此问题。他先是到车间各处巡视了一番，然后到车间主任的办公室找到车间主任B君，问："最近忙坏了吧？"B君答："还好，大部分已经完工了，剩下的任务不是太着急了！"C君说："我在车间转了一圈，好像有点儿乱啊，能不能抽时间整理一下？"B君说："我也注意到了，这样吧，我马上安排几个人，立即就去……"过了约半个小时，C君再去车间时，卫生状况基本上符合要求了。

A君和C君分别给B君下达了含义相同的命令，但是结果

却大相径庭：A君被顶撞，无声响地离开了；C君再去时，卫生状况基本上符合要求了。为何有如此大的反差呢？问题就在于下达命令的方式。A君是"赶紧收拾一下！"C君是"能不能抽时间整理一下？"显然C君使用了协商建议的技巧，而A君的语气则过于生硬。

俗语说：话有三说，巧说为妙！身为领导者，在下达命令时不妨学一学C君，多用"能不能"等协商、建议的方式，相信一定会取得良好的效果。

善于与下属联络感情

领导者应当学会对下属做感情投资。只有让下属对你产生信赖感，才能调动起下属的工作热情。当然，感情投资应该是长期的，而不能只做表面文章或只保持三分钟热度。正所谓"路遥知马力，日久见人心"，大多数感情投资需要较长的时间才能产生回报。所以，在日常工作中，管理者不可错过任何与下属联络感情的机会。

1. 下属请你聚会，不要找借口拒绝

上司并不总是上司，跨出了公司的大门，你就要做大家的伙伴，这样才能与下属打成一片。因此，当下属请你参加工作之外的聚会的时候，最好不要拒绝，因为这是了解下属，与他们进行沟通的大好时机，同时，你的参与也能让他们感觉到你对他们的重视和尊重。有这样一个例子：

中秋节的前一天，小李和同事们约好晚上去吃饭，他们准备叫经理一起去。"张经理，今天晚上我们几个同事约好去聚一下，请您一起参加。"小李笑容可掬，充满期待。可是张经理以有事为由拒绝了。

从此之后，张经理再也没有接到类似的邀请，他也没有将这件事放在心上，但总觉得部门的气氛别扭多了。有时，他明明听到下属们正在热烈地讨论什么事情，但只要他一进去，气氛立刻冷却下来。平时也没有什么轻松的插曲，大家只是埋头工作。张经理不明白，问题正是出在他的拒绝上。

其实，当下属请他参加聚会的时候，他没有表示应该去和很想去，也没有提出充分的理由，说明他为何不能去，只说忙，显然是找借口。所以，下属们便以为他是在摆架子。自然，这些下属也就不会再有和上司亲近的感觉和愿望了。

2. 记住下属的生日，当他生日时送上真诚的祝福

管理者要记住员工的生日，在他生日时向他祝贺。因为这也是进行感情投资的好机会。在员工生日这一天，给员工送上一个蛋糕，一束鲜花，即便是一张贺卡，也能温暖员工的心，让他感受到浓浓的人情味。

3. 员工生病时，领导不忘亲自探望

员工生病住院时，管理者一定要亲自探望。

某公司一位普通的员工住院了，管理者买了礼物亲自去探望，他说："平时你上班的时候感觉不出来你的重要性，现在公司突然之间少了你，就感觉工作少了头绪。安心养病，大家都盼着你早日康复呢！"一句话说得这位员工心里暖融融的。他想：自己对大家还是很重要的，原来公司还是需要自己的。不用说，这位员工身体康复之后，一定会更加努力地工作。

4. 关心员工的家庭

温馨的家庭对于员工来说至关重要。如果没有家庭做后盾，员工是无法安心工作的，所以管理者对员工家庭的关心，会让员工更加感动。

著名企业家玛丽·凯深深懂得，家庭是员工的支柱，是后备力量。1983年，她得知公司一位机械师的兄弟患了致命的癌症，就给他写了一封信，并附了一首诗，鼓励他振作起来，勇敢面对病魔。玛丽·凯的做法令这个机械师及其家人非常感动。这位机械师说："我的家庭是我的后盾，总裁这么关心我的家人，我一定会全身心投入工作，以此对总裁表示感谢。"

5. 当下属卖力工作的时候，适时送上你的关心

有一个青年人比尔被美国一家电视公司总裁阿瑟·利维录用，给他研制闭路电视。比尔干劲十足，一上任便一头钻进了实验室，一直连续干了一个星期。在这期间，他曾经一连40多个小时没有离开过实验室，甚至连吃的东西都是请人送

进去的。

就这样持续了一段时间后，他实在撑不住了，就在床上睡了一天一夜。当他醒来时，一眼就看到利维坐在他的床边。利维感动地望着比尔，并拉着他的手说："我宁愿不做这种生意，也不能拿你的生命做代价，搞研究的人不少都是英年早逝，我真的希望你能控制自己的工作量。你的心意我领了，但就是研究不成功，我也不会对你有任何埋怨的。"他的话让比尔非常感动。他不再只为工资、为个人生存而工作了，而是把研制新产品当成了自己和利维的共同事业。不到半年，闭路电视便研制成功了，这为利维公司的发展打下了非常好的基础。

由此可见，在员工卖力工作时，领导给予的关心是非常重要的。这会促使员工更加努力地工作。

6. 在细节上关心员工

如果管理者善于在一些不引人注意的细小事情上体现出自己对员工的关怀，一定会收到意想不到的效果。

阿瑟·利维在创业初期，资金严重不足的情况下，为了研究一种新的显像管，雇用了国内首屈一指的著名物理学家罗森博士。罗森博士对利维非常欣赏，认为他眼光远大，做事雷厉风行。更让他感动的是，利维平时对工作人员非常关心。

他之所以有这样的观点，和一件事情有关。有一天夜里，雷雨交加，大风不止，又碰上停电，到处漆黑一片。罗森很怕

黑夜、打雷，吓得直发抖，并在床上缩成一团。了解到情况的利维冒雨跑进罗森的居室将他抱住，并不断地安慰他，就这样，利维陪了他整整一夜。从此以后，不管在什么情况下，在利维需要罗森的时候，他都会主动跑去效力。这就是在细节上关心别人所带来的结果。

7. 当员工有一些特殊需求时，尽量满足他

任何人都会有些私事，如果时间恰好与工作时间相冲突，且急需办理，作为管理者，应尽量予以满足。

在一家公司工作的卡路斯说："我刚来这里工作两天时，我哥哥要举行婚礼，我不得不请假。没有想到，公司批准我休假一周，而且是带薪休假。"他感慨地说："要是在原来的公司，我这么请假，不会得到任何薪水，而且很可能因此而失业。"由于公司的人性化管理使下面的员工工作热情高涨，整个公司氛围也非常好，可见，如果公司能为员工着想的话，员工也乐意为公司效力。

在人际交往中，感情是必不可少的因素。聪明的管理者都十分注重感情投资。当然，光会说一些漂亮话是不够的，还要配合实际行动，在适当的时候显示你的关心和体贴。

乐于听取抱怨

任何组织在它生存、发展、壮大的过程中，都不可避免地

会使某些成员心生不满，或有所抱怨。作为一名领导者，当发生此种情况时，若未能有效地加以解决，往往会使问题扩大化，并更加棘手，最后演变为不可收拾的局面。

身为领导者，必须舍得花时间听一听下属们的怨声。因为不满并不意味着不忠。许多人认为总表示不满的人一定对公司或管理部门充满怨恨，这是极为荒谬的。实际上，正是这种抱怨和不满，才使你意识到公司里可能还有其他人在默默忍受着同样的怨气。

许多下属忍气吞声，表面上一团和气，但实际上工作效率低下，这样会危及企业的生存和发展。如果你能随时处理下属的不满，解决他们的问题，他们就会对你心存感激，因为他们会感到领导对他们是重视的。因此，在以后的工作中，他们会更努力地工作，依你的计划办事。

从某种意义上讲，领导者的很大一部分职责是听取抱怨。一名出色的领导者应该乐于接受下属的抱怨。如果你暂时没时间听他们诉说，也应约一个时间让他们向你诉说。切记不要当场反驳下属的怨气，要让他们一吐为快。如果抱怨的对象涉及其他下属或其他部门的员工，你还必须听取另一方的意见，以求问题得到公平、有效的解决。

对于抱怨，倾听是首要的，也是必不可少的。这里详细介绍一下处理抱怨时的注意点：

1. 不要不当回事

不要认为如果你对抱怨不加理睬,它就会自行消失。不要误以为如果你对雇员奉承几句,他就会忘却不满,会过得快快乐乐。事情不可能如此简单,没有得到解决的不满将在雇员心中不断"发热",直至"沸腾"——这就是你遇到的麻烦——你忽视小问题,结果小问题变成大问题。

2. 认真倾听

认真倾听雇员的抱怨,表明你尊重雇员。例如,一个打字员可能抱怨他的打字机不好,而他真正想抱怨的是档案员而不是打字机,因为档案员老打搅他,使他经常出错。因此,要认真地听人家说些什么,要听出弦外之音。

3. 掌握事实

即使你感觉到迅速做出决定会有压力,也要及时对抱怨做出解释。当然,要把事实了解透了,再做出决定。只有这样你才能做出完善的决定。

4. 解释原因

无论你赞同雇员与否,都要解释你为什么会采取这样的立场。如果你不能解释,在做出决定之前最好再考虑考虑。

5. 不偏不倚

掌握事实,分析事实,然后做出不偏不倚的公正的决定。做出决定前要弄清楚雇员的观点,当你对抱怨有了完整的了解,或许你就能做出支持雇员的决定。

事实上，许多领导者尽管本身才干不出众，但却仍然能有效地掌握人心，其关键在于他们能首先考虑下属的心理因素。所以，只要上司不忽略此种方式，让下属享有表现自己的机会，就一定能获得下属的拥护。

第六章　借下属的力量壮大自己

第七章　借客户的力量壮大自己

好好揣摩客户的需求

只有了解了客户的心理需求，才可能使自己的产品让客户满意，也才可能让客户相信你。那么客户到底有哪些心理需求呢？

1. 追求物美价廉的心理

在实际的消费活动中，客户都希望用最少的付出换取最大的效用，获得更多的使用价值。追求物美价廉是最常见的消费心理。客户在消费活动中，对商品的价格的反应最为敏感，在同类以及同质量的商品中，客户总会优先考虑价格较低的商品。

2. 追求耐用的心理

拥有这种心理需求的客户讲究消费行为的实际效果，着重于消费品对自己的实用价值。其购买行为也是为了满足这些实际的需要。

3. 追求方便的心理

这种心理需求的特点是，把方便与否作为选择消费品的第一标准，以求在消费活动中最大限度地节省时间。在这种心理状态下，人们总是购买各种能给生活和工作带来方便的东西。

4. 求新的心理

"喜新厌旧"是客户的一种基本心理，在我们的生活中，某些新颖、先进的日用品，即使价格高一些，使用价值并不太大，人们也愿意购买。而陈旧、落后的消费品，即使价格低廉，也可能无人问津。

5. 求美的心理

美的东西总会使我们产生强烈的满足感。美对人们来说，是一种精神上的享受。随着人们审美趣味的不断提高，求美心理也会越来越强烈。

6. 追求"名牌"的心理

许多人对名牌产品有着强烈的追求欲望和信任感。他们总是认为买到名牌消费品才能有保障。

抓品质拼耐心，以诚意赢得客户的心

一个企业要想创出自己的品牌，使自己的产品深入人心，办法当然有很多，但最重要的是：抓品质拼耐心，以诚意赢得客户的心。

在20世纪70年代的日本，索尼是一个家喻户晓的名牌。

借助别人的力量壮大自己

而在大洋彼岸的美国，索尼却是一个实实在在的无名小辈。

为了打开庞大的美国市场，索尼公司打算派聪明能干、具有丰富推销经验的卯木肇出任国外部部长。

1974年7月，卯木肇走马上任了。他知道，此行非同寻常。来到芝加哥的大街上，卯木肇就先选择去电器商场里转悠。

在电器商场里，几乎看不到索尼彩电的影子，只有很少的几家商店在出售索尼彩电。

这样的情景真的让他很失望，尽管来美国之前，他已经做好了充分的思想准备，可是还是不能够承受这么大的打击。卯木肇整整想了一个晚上，很多情景都涌现在心头：索尼公司前任国外部部长为了推销自己的产品，曾经在芝加哥做了大量的广告，并且承诺降价推销索尼彩电，但是索尼彩电还是卖不出去，产品的形象越来越丑陋……

面对这样的窘境，卯木肇感到一筹莫展了。

一天傍晚，卯木肇在路上行走，一幅美好的图画吸引住了他：夕阳西下，飞鸟回林，一个牧童牵着一头健壮的公牛朝牛栏缓缓走去，后面的一大群牛乖乖地往里走……

这时，卯木肇突然想到了解决问题的"妙计"。

他想，推销索尼彩电不也是这样的吗？只要有一家大公司或大商店愿意推销索尼彩电，销路不是就可以很快打开了吗？

那个"领头牛"是谁呢？

经过一番调查研究，芝加哥最大的电器经销商——马西里尔公司被卯木肇确定为主攻对象。卯木肇认为，只要拿下了马西里尔公司这头"领头牛"，索尼彩电就可以在芝加哥甚至美国站住脚，就可冲出重围。

卯木肇立即行动起来。他赶到马西里尔公司要求拜会经理，可是名片递上去之后得到的回答是"经理不在"。第二天，卯木肇又去了，可是还是吃了闭门羹……

一直到了第四次，卯木肇才有幸见到了这位高傲的马西里尔公司的经理。没等到卯木肇开口说话，这位经理就抛出了一句话："我们公司不卖索尼的产品！索尼公司的产品在市场上不断降价，几乎到了送上门都没人要的地步，你三番五次地找我有什么用呢？请回吧！"

在这次见面之后，卯木肇立即下令自己下属的商店立即收回索尼彩电，不准削价出售，在芝加哥的报纸上刊登广告，着手重塑索尼彩电的形象。

经过这一番努力之后，卯木肇带着报纸上刚刚刊出的广告去拜访马西里尔公司经理，那位经理又说了一句话："你们公司的售后服务太差。"

卯木肇二话没说就回到了住地，立即设立索尼彩电特约维修部，专门负费售后服务工作，并且重新刊登广告，公布索尼彩电维修部的地址和电话号码，承诺随叫随到。

借助别人的力量壮大自己

卯木肇又带着新的广告，兴致勃勃地去见马西里尔公司经理。可是这位经理认为，索尼公司的知名度不够，索尼彩电不受欢迎。

卯木肇这次改变了战略。他让手下的30多名员工，每人每天给马西里尔公司打5个电话求购索尼彩电。

这次，轮到马西里尔公司的员工焦头烂额了，他们误把索尼彩电列入了"待交货名单"。

卯木肇与马西里尔公司经理再次见面时，这位经理就对着卯木肇发火说："卯木肇先生，你们太不像话了，你们的行为干扰了我们公司的正常工作！"

卯木肇在一旁静静听着，等马西里尔公司经理火气消下去之后，他就开始畅谈索尼彩电的各种优点，说索尼彩电在日本是如何受欢迎，然后很诚恳地说："我之所以三番五次地要求见您，一方面固然是为了本公司的利益，另一方面也是在充分考虑贵公司的利益。在日本畅销的产品，在贵公司也会畅销，索尼产品一定会成为贵公司的摇钱树。"

这位经理听了之后说："索尼彩电的利润少，比其他彩电的折扣少2%。"

谈到了价钱，卯木肇这回还价了，他说："折扣高2%的产品摆在柜台上卖不出去，贵公司也不会获得更多的利润。索尼彩电虽然折扣少一点，但是产品质量好，销售很快，资金周转就很快，利润不是更多吗？"

卯木肇的每一句话都是站在对方的立场上考虑问题，态度很诚恳，说话有分寸，打动了对方。这位经理最终同意进两台索尼彩电，但是提出了很苛刻的条件：如果一个星期之内这两台彩电卖不出去，索尼公司就主动把自己的产品搬回去……

卯木肇马上回到公司，选派了两名得力干将，给马西里尔公司送去了两台彩电，并叮咛这两位助手说："这是索尼公司百万美元订货的开始。如果一个星期之内这两台彩电没有卖出去，你们就不要再回来了！"

就在当天下午四点钟，卯木肇的两名得力干将回来了，马西里尔公司进的两台索尼彩电已经卖出去了，还要再进两台……

卯木肇马上意识到，坚冰已经打破，美好的景色马上就会出现。当年的12月份，美国的消费市场比较火暴，仅圣诞节一天就卖出了700多台索尼彩电。

有人曾说："斧头虽小，但经多次劈砍，终能将一棵最坚硬的橡树砍倒。"卯木肇的精神值得每一个企业学习。

如果企业里的员工都能像卯木肇一样，通过抓品质拼耐心，以诚意赢得客户的心，那么公司的产品就会拥有广阔的市场。企业也就在无形中依靠客户的力量壮大了自己。

服务也能赢得客户

在竞争日益激烈的商品市场，服务质量的好坏往往是客户能否相信你的关键因素。

有家酒楼饮食生意不佳，不明真相的管理者总以为是自己的厨师炒的菜不合客户胃口，或者装修不够华丽等。殊不知，服务员的态度才是致命伤。如果有上好的厨师，华美的大厅，却聘用傲慢无礼的服务员，那么酒楼的生意肯定不会好。客户掏钱买的是享受，犯不着花钱买气受，说不定他们还会在亲朋好友面前数尽你的坏处。相反，如果服务态度很好，即使你的饭菜不怎么合胃口，装潢也不怎么华贵，也会吸引许多客户前来的。

肯德基是全世界知名的公司，其商业战略的首要诀窍就是微笑。服务员的微笑，让客户如沐春风。这样，客户自然会满意服务员的态度。

另外，给客户退换商品时的服务态度也影响着客户对你的信任度。退换只不过会给售货员带来点小麻烦，却能得到客户的信赖，这是很大的收获，必定会有助于商品的销售。

有一位男职员，年底到商店为单位买奖品，顺便给小孩买了衣服。回家后他发现妻子也给小孩买了衣服，比他买的好看多了。第二天他到商店退货，可是商店说什么也不退，惹得这位男客户很生气，他对周围的人说："我再也不去那家服务不好的商店买东西了。"

有人在商人"八训"中提出："当客户来退货时，应比卖货时更客气。"这话颇有道理，因为如果客户退货时，售货员比卖货时服务态度还好，客户会感谢你，并信任你所在的公司。

总之，良好的服务态度不仅能够消除客户的抱怨、增强客户的满足感，而且有助于树立良好的企业形象，巩固与客户的关系，让客户更加相信你，这样你就能赢得更多的人脉资源，壮大自己的力量。

让客户多多参与

俗话说："百闻不如一见"。听到的在人们的心里多少会觉得有些不真实，只有真真切切地看到、触碰到，才会产生清晰的感觉。因此，在销售商品时，销售员要让客户能够看到、摸到、感受到你的商品，这样才会加深客户的印象，使客户消除疑惑，产生信任。

听到不如看到，看到不如摸到。销售员要善于引导客户亲自参与到你的销售和示范工作当中来，把主动权交给客户，销售员只需站在一边加以指导和说明就可以了。只有让客户亲自动手，他才会获得最真实的感觉，这样要比销售员自己表演而客户只当观众的效果要好得多。

当然有些商品和服务是无法让客户真实地去触摸和感受的，比如，销售员推销"新马泰十日游"，销售员当然没有办法将那些旅游景点一一搬过来让客户感受和触摸，那么又如何让客户积极地参与进来呢？销售员虽然无法让客户看见、摸到，但是却可以调动客户的想象力，通过自己具体的、生动的、绘声绘色的描述，让美好的东西在客户的脑海中具体化，这样也能使客户参与进来，使客户"看"到你说的话。人的想象力是很丰富的，只要你能够用巧妙的方法去激发，就能够让人产生似乎亲身经历一样的感觉。

销售员小周向刘小姐推销某假日度假中心。他除了提供给刘小姐大量精美的图片以外，还配合足以引发其想象力的描述，以调动客户的各种感觉，产生强大的吸引力。

小周边让刘小姐翻阅图片，边配合着讲解。他说："即使你足不出户，只要站在宽大别致的阳台上面，就可以听到海浪哗哗的声音，还有海鸥的叫声，深呼吸一下，你甚至还可以闻到松树或刚刚收割的稻秆的香气。如果你想出去转转，不妨去逛逛具有乡土特色的乡村商店，拿起那里的草莓，尝一粒，那酸酸、甜甜、花蜜般的味道真是让人流连忘返。如果想要运动，你可以游泳，或者去划船，那里建造有巨大的人工湖，而且船也是很有特色的独木舟，取来一支划桨，你会觉得充满活力……"

小周的描述可谓是绘声绘色，让人充满遐想。他不仅调动了客户丰富的想象力，还充分地调动了客户的其他感觉，如听觉、嗅觉、味觉、触觉，并且使这些感觉具体到一事一物，让客户脑海中的影像更加生动清晰，使其产生强烈的期待。还没等小周说完，刘小姐就迫不及待地大叫："太好了，太美了，我一定要去，一定要去。"

让客户多多参与到你的销售工作当中来，不仅要使客户动手，还要让客户动脑，用极具说服力的具体语言和图像，引发客户具体的、实在的、美好的感觉，从而调动起客户的积极性，激发起强烈的购买欲。

总之，发挥你的聪明才智，充分调动客户的热情，尽可能早、尽可能多地让他们参与到你的销售过程中，这样你才能扩大自己的销售额，在无形中借助客户的力量壮大自己。

像朋友一样同客户谈生意

在很多销售员的观念里，与客户谈生意就是为了赚钱，双方可以为一点点利益而拼得你死我活。实际上，相互争斗不仅会伤了和气，还会导致两败俱伤的不良后果。而友好的谈判则会让双方在和谐的气氛中构建良好的合作关系。在谈判中，销售员要对客户表示出足够的理解和尊重，消除客户的抵触情绪，这样彼此才会更加顺利地进行交易。

华尔菲亚电器公司是一家生产自动化养鸡设备的厂家,设备生产出来以后,开始在全国各地进行销售。公司派出很多推销员到农村去推销,但是效果不是很好。甚至有些推销员总是抱怨客户过于固执和吝啬,根本不愿意购买自己的设备。

于是公司的经理威伯先生决定亲自到农民那里去看看。他被下属带到一家比较难对付的客户家门口。威伯先生开始敲那家农舍的门。不一会儿,一位老太太从门缝探出头来。当他看见站在威伯先生后面的推销员时,"砰"的一声,就把大门关上了。

威伯先生继续敲门,那位老太太又打开门,很生气地说:"我不会买你的电器的,不要再来烦我!"

威伯先生并没有感到意外,而是笑着说:"对不起,打扰您了。我不是来推销电器的,我只是想买一篓鸡蛋。"

听说要买鸡蛋,老太太把门开大了一点,但还是很怀疑他。威伯先生又说:"我知道您养了很多良种鸡,我想买一篓新鲜鸡蛋。"

老太太有些放心了,便和他聊了起来。威伯先生在谈话中流露出对老太太的称赞,说自己养的鸡没有老太太的好,说老太太养的鸡下的蛋营养价值高。渐渐地老太太完全消除了疑惑,并和威伯先生拉起了家常。老太太告诉他自己养鸡比老伴养牛赚钱,威伯先生适时地顺着老太太的话说,使老太太很开心。

不一会儿，威伯先生就成了老太太的知心人。她还邀请威伯先生参观她的鸡舍。

在参观中，威伯先生注意到，老太太在鸡舍里安装了一些小型机械，起到了省力省时的作用。威伯先生又给予赞扬，这让老太太感到自豪。老太太又高兴地和威伯先生交流起养鸡的经验来。

没过多久，老太太主动提起她的一些邻居在鸡舍里安装了自动化电器，据说效果很好，她诚恳地征求威伯先生的意见。结果不用威伯先生推销，老太太就主动购买了自动化养鸡设备。

威伯先生没有进行推销就卖出了自己的产品。其妙招在于与老太太在交往中猜透了她的心思，并顺着她来，成为老太太的知心人，由陌生人变成了朋友，从而顺利实现交易。其实和客户谈生意也应该这样，彼此像朋友一样交往，支持对方，理解对方，这样生意就很容易促成。

销售员在面对客户的时候经常会遇到一些很让自己为难的事，可能客户根本就不打算与你达成交易，可能客户对你存在很大的意见，并会对你产生抵触情绪。所以，学一些巧妙的交际方法非常必要。

销售活动其实就是在建立人与人之间的关系，在客户还不承认你是个"诚实的、可信赖的人"之前，许多生意是无法做成的。因此，销售员要学会像朋友一样同客户谈生意，只要能

成为客户的朋友,想要实现交易就会顺利很多。

不抛弃不放弃,用新思路开拓新路子

戴夫·多索尔森是美国推销发展联合公司的总裁,也是美国著名的推销专家、培训大师。戴夫·多索尔森因其推销中有创意而得到客户的欣赏,被誉为"创造性推销"的创始人。

当戴夫·多索尔森还在从事广告推销工作的时候,他所在的公司遇到了一位很难对付的潜在客户,许多推销员上他那儿推销都碰了钉子。

可是戴夫·多索尔森天生喜欢挑战,喜欢把那些不可能都变成可能。这天,他决定去找这位大家都不抱希望的客户谈谈,他想试试自己的运气。

去之前,戴夫·多索尔森详尽地调查了这位客户的相关信息:该客户的公司主要生产家具,在产品推广上一般采用直销策略。即使会选择做广告,也是多选用平面媒体,一年会在这里面投入几万美元;而该公司对于电视广告的投入,每年一般不超过1000美元。

经过一番努力,戴夫·多索尔森终于获得了与这位客户面谈的机会。也许这位客户是被他的坚持所打动,于是同意与戴

夫·多索尔森见面。

见面后，尽管戴夫·多索尔森说得口干舌燥，可该客户却始终听而不言。

直到戴夫·多索尔森说完，他才开口道："年轻人，听了你的长篇大论，我真的一点兴趣都没有。很抱歉，我是不会请你做广告的，你别把时间浪费在我身上。"

戴夫·多索尔森仍不甘心："先生，如果我能制订出更好的计划，你是否还会见我？"

"你太有趣了，小伙子。如果你真的会有更好的点子，我乐意再次倾听。"

戴夫·多索尔森从客户的办公室一出来，便暗自发誓一定要拿下这位客户。他计划着每周向这位客户介绍一个新的构想，直到对方满意为止。

从此以后，戴夫·多索尔森每周都要带着自己的新计划来公司见这位客户，而且每次只向客户介绍15分钟，时间一到便起身走人，从不多耽搁对方一秒钟。戴夫·多索尔森虽然没有想出让这位客户满意的新计划，但是因为经常来公司，他对该公司的经营以及对家具行业方面的信息有了更多的了解，这就使他的设计更有针对性，更符合该公司的情况。

戴夫·多索尔森为了找灵感，还查遍了电视台的所有类似广告，并耐心地向制片人请教，请他们帮助拍摄制作片花。他

像着了魔一样,把大部分精力都放在这件事情上。他的不服输的个性让他一直坚持着。

这天,戴夫·多索尔森和一位广告制片人一起看一盘录像带,这是一位摄影师随便拍摄的。因为这盘录像带是有关家具店的。这位广告制片人认为会对戴夫·多索尔森有一些启发。录像带的前面部分只是一些普通的画面,可是当出现家具店的标志时,奇迹却出现了——制片人用电子手段给这个标志做出了一个像彗星般缓缓移动的尾巴。这个画面让戴夫·多索尔森激动不已,他急忙打电话给家具店的客户,约他来看录像带。

看完录像带后,这位难以对付的客户终于吐出了几个字:"好,这个方案我接受。"

从第一次上门拜访该客户到他说出这几个字,戴夫·多索尔森花了整整52周的时间,而且在这么长的时间里,他一直坚持不懈地每周去拜访并且提出新建议。

值得欣慰的是,戴夫·多索尔森虽然付出了这么多精力,但他收获的回报也是丰厚的。因为,他不仅为公司赢得了一个大客户,同时也为自己挣得了一大笔佣金。

戴夫·多索尔森用最终的成功证明了自己辛苦的价值。这次不平常的推销,为戴夫·多索尔森的"创造性推销哲学"奠定了基础。不久之后,他就成立了自己的推销培训公司,把这种理念推广出去。

戴夫·多索尔森的故事给了我们启示：创新是促进成功的原始动力。对于客户来说，推销总是大同小异，他们根本没有兴趣也没有耐心来听。推销员要想把自己的产品推销出去，就得推陈出新，把自己的产品打造成独特的产品，并发挥不抛弃、不放弃的精神，为实现自己的理想而奋斗。

第八章　借贵人的力量壮大自己

贵人总在你的人脉中

俗话说："贵人多'旺'事。"人人都渴望生命中有贵人相助，我们的进步也离不开贵人的帮助。当身边有贵人相助时，我们的命运可能会出现神奇的转变。

在我们的生命中，贵人无处不在，他可能是你的亲人，也可能是你的朋友，还可能是你的上司，甚至可能是一个萍水相逢的人。

霍华德老人住在郊区的一所老年中心里，那里有几百个因为各种原因而不能住到家里的老人。霍华德老人有一个儿子，是做皮鞋推销员的。他们家只有一个几十平方米的小房子，在儿子也有了自己的孩子后，霍华德老人就不得不从家里搬出来了。

在老年中心里，霍华德老人认识了一个叫伊莱恩的女士。伊莱恩已经70多岁了，身边没有一个亲人。霍华德和伊莱恩女士很谈得来，他们的友谊随着岁月的流逝一点点地加深。后来伊莱恩女士的健康因为年龄的增加不断受到影响，霍华德一直陪伴在她身边照顾她。即使是在儿子过生日的时候，他也没有离开过伊莱恩。

后来，伊莱恩终于没有战胜病魔，离开了这个世界。霍华德老人怀着悲痛的心情埋葬了他的朋友。在从墓地回到老年中心的路上，一位律师叫住了他，让他签署一份文件。原来伊莱恩女士有几十万美元的遗产没有人继承，而她把这些财产都给了霍华德老人。

老人心中一阵感动，当他帮助朋友的时候，从来没有想到过获得报酬，可是现在他却突然间有了几十万美元的财产。

老人把这些财产交给他的儿子去打理，他的儿子用这笔钱开了一家小规模的汽车修理公司。经过经营管理，他们的公司每年都有几万美元的收入。很快他们就买了一个更大的房子，霍华德老人也终于能够和他的家人在一起共享天伦之乐。

一个普通的朋友，改变了霍华德老人一家的命运，这样的故事确实让人很羡慕。有些人总是抱怨自己遇不到贵人，总是生活得很艰难。其实他们只是忽略了贵人的存在而已。当我们需要做一件事，有人为我们提出了合理的建议，这个人就是我们的贵人；当我们去外地出差，得到了当地朋友的接待和帮助，这些人也是我们的贵人。不是只有使我们的生活改头换面的人才算是我们的贵人，只要对我们有所帮助的人都是我们的贵人。

第八章 借贵人的力量壮大自己

借助别人的力量壮大自己

在明朝万历年间,京城里有一家银楼生意十分红火。掌柜叫岳广才,是个好交朋友的人。每当有人求助于他时,凡是他能办到的都尽力帮忙。因此,上至达官显贵,下至三教九流,岳广才结交了不少朋友。在岳广才的朋友中有一个人叫蒋玉平,是一个唱花旦的演员。岳广才的夫人见丈夫和蒋玉平来往非常多,就劝谏丈夫和这个人少些来往。因为在那个朝代,演员的社会地位极低,夫人怕丈夫和这样的人来往影响了名声。岳广才却反驳说:"蒋玉平虽是唱戏人,但为人仗义直爽,这样的人不可不交啊。"于是,继续和蒋玉平来往。

几年之后,岳广才的银楼遭遇了一场不幸。原来衙门在他的店里搜出了一件皇宫里丢失的宝物。当时岳广才并不知道这个宝物是皇宫所丢失的,只当是普通的玉器收买过来,谁知因此惹了大祸。因为这个案子牵涉皇宫,所以官府惩办起来非常严厉,毫不徇情,不但查封了银楼,还把岳广才抓到了大牢里。

岳广才的夫人眼看丈夫遭到这样的变故,心中十分焦急。但后来又想到平日里丈夫有那么多朋友,应该能够帮着想个法子,于是开始逐个向他的朋友求援。可是,大家都怕这个案子连累到自己,所以不敢插手。后来夫人无奈地回到家里,突然想起了丈夫以前的朋友蒋玉平,于是想反正现在没有什么办法,就去求求看吧。谁知蒋玉平得知这件事后一口答应下来。

蒋玉平虽为演员,却认识不少朋友,他通过几番周折,终于由一个朋友那里得知了一个惯于偷窃皇宫内院的盗贼。蒋玉平把此人禀告给官府，经过几个月的搜寻，终于把这个人缉拿归案，岳广才和相关人等也被释放了。

在岳广才患难时，他的显赫朋友帮不上忙，而一个卑微的演员却救了他的命。所以说，贵人不一定是我们所认为的大人物，很可能就是一个平凡卑微的普通人。

贵人来自于我们平时所积累的人脉，他不一定是达官显贵，可能仅仅是个普通人，却能在关键时刻给我们莫大的帮助和力量。

让优秀人物成为生命中的领路人

从某种角度来看，优秀的人是我们生命中的领路人，是我们事业上的灯塔。借由他们的帮助，我们可以少撞南墙，在较短的时间内获得成功。

格蕾丝·凯丽1929年11月出生于美国费城一个富有的家庭。她的童年在富足和平静中度过，高中毕业她就从事表演事业了。

凯丽第一次在电视上露面是拍摄一个香烟广告。后来，登台演出和在电视上做节目已经不能满足凯丽的欲望，她来到了加利福尼亚，她想实现童年的梦想——当电影演员。

1951年，她在一部名为《14个小时》的影片中饰演了一个

微不足道的小角色。当然，这个小角色并没有给她带来什么，但她却从中认识了许多优秀的人才。第二年，她得到一个与大明星贾利·古柏合作的机会。名人的影响力是她无法想象的，此后，在电影开头，她的名字紧追大明星的名字之后。她的形象也随之得到传播。

　　与大明星合作给她带来了好运，借着名人之光，她第一次与一流导演希区柯克合作。希区柯克无疑就是贵人，演员与他合作意味着名气、实力和地位的提升。凯丽在与希区柯克的第二次合作中人气直线上升，她迅速成为最卖座的明星。

　　此后，年轻美貌的凯丽得到了许多大导演的青睐，赢得了许多人可望而不可即的成功。

　　优秀的人有太多的地方值得我们学习，那种有形或无形的交流，能激发我们的灵感，使我们获得成功的经验。总之，与比自己优秀的人结交，能缩短奋斗时间，使事业一帆风顺。这些优秀的人一旦成为我们生命中的贵人，将更有利于我们壮大自己。

主动结交成功之人

　　懂得为自己的未来打算的人，具有长远的眼光，这并非是每个人都具备的。主动结交成功的人是走向成功的一条捷径，因为他们可能成为你生命中的贵人，帮助你少走些弯路。要和优秀的人相识，有时并不像通常所想象的那么困难。

美国少年亚当在杂志上读了某些大实业家的故事，很想知道得更详细些，并希望能得到他们对后来者的忠告。

有一天，亚当跑到纽约，也不管几点开始办公，早上7点就到了威廉·亚斯达的事务所。在第二间房子里，亚当立刻认出了面前的那个人就是自己所要拜访的人。亚斯达刚开始觉得这个少年有点讨厌，然而一听少年问他"我很想知道，我怎样才能赚得百万美元"时，他的表情变得柔和了，两人竟谈了一个小时。随后亚斯达还告诉他该去访问其他实业界的名人。

亚当照着亚斯达的指示，遍访了一流的商人、总编辑及银行家。在赚钱这方面，他所得到的忠告并不见得对他有帮助，但是能得到成功者的知遇，却给了他自信。他开始仿效他们成功的做法。

过了两年，亚当成为他学徒的那家工厂的所有者。24岁时，他是一家农业机械厂的总经理，为时不到五年，他就如愿以偿地拥有百万美元的财富了。

亚当总结出了自己成功的一个原因：多与成功的人结交。

杰克是美国印第安纳州小乡镇上的铁道电信事务所的新雇员。16岁时他便决心要独树一帜。27岁时他当了管理所所长。后来，他成为俄亥俄州铁路局局长。

第八章 借贵人的力量壮大自己

借助别人的力量壮大自己

他给刚进校门读书的儿子的忠告是："在学校要主动和一流人物结交……"

与人结交时要善于考虑并选择比你更优秀的人，这种意识可以使你离成功更近一步。

不少人总是乐于与比自己差的人交往。这的确可以得到安慰。因为，在与这些人交往时，能产生优越感。可是从不如自己的人当中，显然是学不到什么的。而结交比自己优秀的朋友，能促使我们更快地成长。

那么，你该跟谁交往呢？跟那些成功人士，那些已经功成名就或者正朝这个方向前进的人。

美国励志大师卡耐基特别强调结交卓越人士的重要性，为此，他提出了自己的看法。

结交卓越的人士，往往能促使我们做到见贤思齐。当然，这里所谓的"卓越的人士"，并非是指家世显赫、地位很高的人，而是指有内涵、让世人所称道的人物。

"卓越的人士"大体上可分为以下两大类型：一是指处于社会主导地位的人们，二是指那些有着特殊才华的人们，如学识渊博的学者，才华洋溢的艺术家等。

至于怎样与这些人结交，没有现成的办法，也许是厚着脸皮毛遂自荐，或是经由知名人士大力引荐，当然也可以加入群英聚会的团体，去寻觅朋友。这些不仅是赏心悦目的乐事，而且对你有所助益。

借"名人效应"提升人气

人气，是指你交际中受欢迎的程度，具有促使你事业成功的能量。

借力提升人气，就是指借用朋友、同乡、同学等各方面的力量，也包括借用名人的声望和地位解决你所遇到的各种社交问题，提升你的个人竞争力，从而获得事业的成功。在现实生活中，人们总是有这样的心理：名人生活的环境是非凡的，与名人有联系的东西必定是不一般的。基于这样的心理，人们纷纷追逐和效仿名人，所以与名人沾边的商品也就容易成为热点。

1959年，世博会在莫斯科举行，为进军苏联市场，百事可乐公司董事长唐纳德·肯特亲临现场。他凭着当时和副总统尼克松的私交，请求尼克松在陪同苏联领导人参观时，"想办法让苏联总理喝一杯百事可乐"。尼克松同赫鲁晓夫打过招呼，因此赫鲁晓夫在路过百事可乐公司的展台时，拿起一杯百事可乐品尝，顿时各国记者的镁光灯大亮。这对百事可乐公司来说，无疑是一个特殊而又影响力最大的广告。借助这件事，百事可乐抢在可口可乐之前，在苏联市场站稳了脚跟。

百事可乐公司借助名人效应提升人气的做法确实很巧妙。

无独有偶,一位中国古人的做法也有异曲同工之妙。

从前,有个姓徐的马商,一天他从山西买进了一批好马。这些马都是"日行千里、夜行八百"的骏马。然而,这批马在洛阳马市卖了好几天,一直无人问津。究其原因,原来是普通人很难看出其优劣。然而,马商急着用钱,为此,他眉头紧锁,急得团团转,可又无计可施。想把它们贱卖掉吧,又怕亏大了,显然贱卖不是一个好办法。

晚上,这位马商找到好友帮忙,朋友给他出了个主意。他听后喜出望外。原来马商的朋友认识一个鉴马高手,他在洛阳马市小有名气。经介绍,马商拜访了这位鉴马高手。第三天,正逢赶集,鉴马高手来到马市,悠然自得地来回踱步。最后,他来到姓徐的马商的马群旁边,绕着马转了一圈,赞赏地点了点头,还不时地用手捋捋胡子。临走时,他还一步三回头,显得有些留恋。人们蜂拥而上,观看他相马,胆大的人还向他问这问那。他一言不发地离开了马市。

这时,围观者越来越多,纷纷请姓徐的马商介绍这批马。徐马商求之不得,他像背书似的,对马的原产地、脾气禀性、体质特征等各方面逐一做了讲解。顿时,马价上涨了好几倍,人们纷纷抢购,许多人因未买到这批马还失望不已……

世界上有不少产品都是这样的,它默默无闻地在某个地方待了多年，偶然经名人推介，身价便陡然倍增，名扬四海。这些产品的功能，在名人使用以前已经存在，并非在名人使用时提高的，为什么同一商品在这前后身价就大不一样呢？这是名人的人气起了大作用。因此，借助名人效应提高人气，可以大大增加成功的概率。

你不喜欢的人也可能成为你的贵人

每个人都有独特的优点，所以，在构建人际关系网时，一定不能太单一，不要完全局限于自己的同行或具有共同爱好与兴趣的人。倘若我们能充分发现和利用每个人的特殊价值，那么即使是自己不喜欢的人说不定也能成为自己生命中的贵人。

战国时期，许多达官贵人都有大量的门客，他们供养这些门客就是为了日后能得到他们的帮助。其中，齐国的孟尝君门下的客人人数最多，号称有"门客三千"，而且其中什么样的人都有。孟尝君出使秦国时，遭人谗言陷害，秦昭王将他囚禁起来并想杀了他。正在这时，有个人对孟尝君说秦昭王的一个宠妃能救他，于是孟尝君便向那个宠妃求助。

可是那个宠妃要孟尝君已经献给昭王的一件白狐裘衣作为交换条件。东西都已经送出去了，如何能拿回来呢？正在他无计可施之时，有一位曾是偷盗之徒的门客说，可以帮助孟尝君

借助别人的力量壮大自己

弄到白狐裘衣。于是，他施展绝活，很快将白狐裘衣盗了出来，献给那个宠妃。宠妃也如约帮助孟尝君逃出了城。

孟尝君出了城后，立马往回赶。走到函谷关时，已是夜半时分，须到鸡叫时方可开门。但孟尝君担心，等到那时秦昭王可能已经发现自己逃走，必将派兵来追。孟尝君急得心急火燎，害怕追兵到来，但又没有办法叫开城门。此时，又有一位门客挺身而出，他说自己善于学鸡叫，可以给守关士兵造成错觉，使他们打开城门。果然，这个人学了几声鸡叫后，函谷关的守门士兵便把城门打开，完全没有觉察到那不是真的鸡叫，孟尝君就这样逃回了齐国。

有时候，和自己不喜欢的人打交道，也能获得他们的帮助。

有个水泥厂老板叫罗伯特，他是个非常重信用的人，大家都愿意和他合作，因此他的水泥卖得非常好。但前不久另一位水泥商莱特也在这里进行销售。莱特在罗伯特的经销区内定期走访建筑师、承包商，并告诉他们："罗伯特公司的水泥质量不好，公司也不可靠，面临着倒闭。"罗伯特并不认为莱特这样四处造谣能够严重伤害他的生意。不过这种没有道德的生意人让他非常生气。

"一个星期天的早晨，"罗伯特说，"牧师讲道的主题是：要施恩给那些故意为难你的人。我当时把每一个字都记了下来，但也就在那个下午,莱特那家伙使我失去了一份五万吨水泥的订单。但牧师却叫我以德报怨,化敌为友。"

"第二天下午,当我在安排下周活动的日程表时,我发现我的一位住在纽约的客户正在为寻找新盖一幢办公大楼的数目不小的水泥而发愁。而他所需要的水泥型号不是我公司生产的,却与莱特生产出售的水泥型号相同。同时我也确信莱特并不知道有这笔生意。"罗伯特拿起电话拨通了莱特办公室的号码,答应他打电话给那位客户,推荐莱特来提供水泥。

最后莱特不但停止散布有关罗伯特的谣言,而且把他无法处理的生意也交给罗伯特做。

君子和而不同,坦诚面对你不喜欢的人,说不定他也会成为你的贵人,帮助你获得成功。

四个好习惯赢得贵人信赖

人生在世,求人办事是免不了的。当自己尽了全力仍然不能办成必须办成的事情时,就要勇于放下面子,寻求贵人的帮助。以下这些习惯是必须要培养的,只有做到这几点,我们才能赢得贵人的信赖。

1. 放低姿态

很多人认为以低姿态去求人是一种懦弱无能的表现,其实,

真正的强者不仅拿得起,而且放得下。有人想"万事不求人",如果真的有那个本事自然好,如果没有那样的能力,却表现出强硬,就是内心脆弱的表现了。求人说明你认可对方的这种能力,说明在这件事情上,你需要对方的帮助,而与尊严无关。

刘备三顾茅庐,这才换来了蜀国的半壁江山。如果没有刘备的以低姿态求人,哪能取得赫赫成就?可见,放低姿态去求人是让别人为你办事的前提条件。

2. 赞美他人

古人常说:"欲先取之,必先予之。"想要别人帮你办事,要先满足别人的需求。而获得认可和赞美恰恰是人类最基本的需求之一。爱听溢美之词是人的天性,虚荣心是人性中固有的弱点。当一个人听到别人的吹捧和赞扬时,心中会产生一种莫大的优越感和满足感,自然也就容易接受对方的建议,也乐于帮助别人。

一日,法国科学家、文学家丰特奈尔在社交场合遇到了一位年轻貌美的女子,他大肆赞美了那位女子。然而,片刻之后,他再次从那位女子旁边经过时,却没看她一眼。于是,那位女子问丰特奈尔说:"我该怎么看待你之前的殷勤呢?"丰特奈尔不慌不忙地回答:"请你体谅我,你知道,如果我看了你,哪怕只有一眼,恐怕我就走不过去了。"

总之，赞美是获得对方重视，赢得他人帮助的有效方法。

3. 留心对方的细节习惯

有时细节能发挥极大的作用。所以，记住人际交往中的细节是聪明做人的方式。

注重他人的细节是尊重他人的一种诚挚的表现。如果我们能够记住与对方相关的一些细微小事，并找机会说给他听，那么对方就会认为我们是真的关心他，从而消除戒备心，并对我们产生亲近感和信任感。

那些在社交场合能做到游刃有余的人都很注重细节。例如，即使是只有一面之交的人，他也会记得对方的名字。美国邮政总局的法利就是这方面的高手，他能叫出五万多人的姓名，能记住与别人交往的许多细小之事。他每到一处都高朋满座。他不仅可以和许多人攀谈聚餐，还能拍着某人的肩膀，了解他的太太和子女的近况，询问他家后院里种植的花长得如何等。

每个人都喜欢被别人关注，因此记住对方的细节是我们获得别人信任和好感的基石，是求得他人相助的法宝。

4. 适时表达谢意

求人办事，事了之后，无论结果是否如我们所愿，都应该道声谢，这样才算画上一个圆满的句号。

有的人会说："我也想感谢，可是我哪有那么多钱去感谢？"

其实,事后致谢与有事相求不同,我们不一定非得重"礼"相加,多说几句感谢话,让对方知道我们的谢意就可以了。

你要表示谢意,可以开门见山地说:"那件事多亏了你的帮忙,我特意来感谢你!"此外,逢年过节,一句小小的问候,或电话、或短信,都能捎去浓浓的情意,让帮助过你的人对你产生好感。

第九章　借合作伙伴的力量壮大自己

找到能帮你赚钱的合作伙伴

作为生意场上的老手，必须在经营过程中掌握一些技巧，但仅仅如此还是不够的，挑选生意伙伴时也不能糊涂。这是不少商人在实践中总结出来的宝贵经验。

好的合作伙伴能够帮助你取得成功，飞黄腾达。有好的合作伙伴是人一生的幸运，不好的合作伙伴则会影响你事业的发展。所以，选择合作伙伴时应该注意以下几点。

1. 要选择重承诺、守信用的人做你的合作伙伴

在现代市场经济条件下，信用、信誉是价值连城的无形资产。孔子曾说过："人而无信,不知其可也。"可见,一个人不讲信用，是根本无法立足的。

在合作的事业中，"重承诺，守信用"这六个字是对合作伙伴的道德要求，也是最基本的要求。如果合作的事业中混入了连这个基本道德也不具备的人，那么事业就无法继续发展了。

这是因为：合作伙伴了解企业的内部情况，包括技术秘密、营销网络、人脉资源等，再加上他所处的地位及由此而拥有的权力，一旦居心不良，后果不堪设想。

2. 要选择志同道合的人做你的合作伙伴

合作伙伴在一起合作最直接的认同就是"志"相同。"志"指的是目标和动机。从广义上讲包含了合作人的动机、目标等许多复杂的内容，如赚钱、扬名、实现理想等。

其次的认同就是"道"相合。"道"就是实现"志"的方法、手段。许多著名企业家选人的首要标准就是志同道合，要求部下必须熟知他的领导作风，对他的管理方法能贯彻执行。选择合作伙伴时，志同道合同样重要。

3. 要选择与你优劣势互补的人做你的合作伙伴

有一则故事说，长臂国的长臂人和长腿国的长腿人，各有自己的长处，同时也各有自己的短处。下海捉鱼，他们一个涉水深，另一个却够不着。可是当长臂人骑到长腿人的肩上时就既能涉得深又能够得着了。这就是互相补充的道理。同样，合作伙伴有缺点，你也有缺点；合作伙伴有优点，你也有优点，如果能进行互补的话，合作的整体力量必会得到极大的加强。

一个优秀的合作机构，不仅能够为合作伙伴的能力发挥创造良好的条件，还会产生彼此都不拥有的一种新的力量，并使单个人的能力得到放大、强化和延伸。很多时候，成功的合作事业是由才能和背景不相同而又能相互配合的人合作创造出来的。

4.要选择有德亦有才的人做你的合作伙伴

德和才的内涵是什么呢？这是一个比较复杂的问题，很少有人能讲清楚。一般来说，合作人的才包括相关的知识、技术和能力，能帮助企业获利。德则包括重信守约，团结合作，互谦互让等。

挑选合作伙伴时要注重德才兼备，要全面衡量，不可只顾其一而不顾其二。重德轻才，往往导致自己与庸人合作；重才轻德，往往导致自己与小人合作。无论是庸人还是小人，与之合作注定是要失败的。

总之，理想的合作伙伴是能为你提供资金、技术、安全感或其他方面支持你的人，是能让你信任、尊敬并与之同甘共苦的人，是与你具有共同的发展目标和价值观念的人，是能与你的才能、性格等方面形成互补的人，这样的人才是你所需要的。

借助别人的力量壮大自己

搭上一只顺风船

在创业人群中,"蚂蚁"指活跃在市场里的中小商户,他们像蚂蚁一样辛勤地劳作,用心尽力编织属于自己的一片天空。在他们身上,涌动着创业者的激情。就个体来讲,他们是比较弱小的,但整个群体却又是相当强大的。这个群体是值得钦佩的,他们像蚂蚁一样团结合作,前赴后继。

一只蚂蚁要过河,怎么办呢?这时,偶然有一阵风把一片树叶吹进了小河沟。树叶漂到了岸边,蚂蚁爬到树叶上,"游"到对岸。即使是狭窄的河沟,在蚂蚁看来,不啻长江大河。但是,借助一片树叶,蚂蚁最终到达彼岸。创业大军中,有许多人可谓"身无长物",但他们懂得借助他人之力,你搭桥我过河。经过艰难的积累,最终走上了成功之路。

呼和浩特市有个叫许彦华的人。他已过而立之年却还是不务正业。他的表哥在北京一家科研单位负责销售工作,给许彦华寄来一份材料,让他看看,然后准备做销售工作。已经自在惯了的许彦华根本没把这事当个什么。不久,北京的表哥传来信息,说包头那边已经有了那种新产品的代理商,而且产品销得很好。许彦华到包头看了看,发现包头一位姓吴的先生开了一家小店，铺面不大，生意却非常好，卖的产品就是表哥推荐的。

许彦华回到呼和浩特市，找到他最要好的朋友。他们凑了些钱从北京进了几箱货，可是，在呼和浩特市火车站的一个小门面里卖了几天，情况和包头的完全不同。兄弟俩急得要命，就把包头的吴先生请来。没几天，吴先生竟然把许彦华快要压死在手里的货卖活了！

吴先生的做法其实也没什么特别的，就是在广告上做了文章。

许彦华的朋友带上吴先生在报纸上刊发的广告报样，倾其全部家当，又借了一大笔钱，从北京进了400件货，拉了一大卡车向唐山市进军。谁知到了唐山市却碰了壁，只好往回走，从唐山市到呼和浩特市，钱花得差不多了，路经山西省大同市，他决定再去报社试试。

"你准备刊登多大版面？"

这位朋友说："我连续刊登10个整版。"

报社的人以为他在吹牛——当时登广告还是件时髦事，刊登1/3、1/4版面已经算是大广告了，也就顺着他说："这广告我们能登。"

这位朋友当即返回呼和浩特市，又借了一笔钱，全部投在

第九章 借合作伙伴的力量壮大自己

广告上。广告内容是他连夜修改的,通俗易懂。广告一登,这一大车货竟然在三天之内卖了个精光。

他拿上大同的报纸,又来到其他地方,照此方法"炮制",每天收回的货款得用麻袋装。这位朋友突然发现,世上挣钱居然这么容易。

可以说,故事中的这三个人合作得相当好。吴先生给许彦华和他的朋友做了示范,促使他们认真研究吴先生的经验,少走了许多弯路。这就叫做"好风凭借力,送我上青云",由此可知,懂得借助合作伙伴的力量能够帮助我们成就事业、壮大自己。

做赚钱的"寄居蟹"

寄居蟹没有自己的房子,它是靠寄居在贝壳中生存的,而且它还要随着自己身体状况的变化不断地去寻找更适合自己的"家"。

有时企业的经营也可以运用此策略,尤其是在刚刚创业的时候,无论是资金还是知名度都不能与那些大企业相抗衡,要想在市场上分一杯羹,就不妨"寄居"在它的名下,借助它旺盛的人气,求得生存和发展。

第九章 借合作伙伴的力量壮大自己

很多人都逛过上海的"宜家"家居，而来来往往的人们却很少注意到其中蕴藏的丰富商机。在"宜家"旁边有一家经营家居装饰用品的小店，那里的生意红红火火，令人眼馋。这家小店的老板叫周玲，在附近还开有一家餐馆。由于"宜家"经常在她的店里为员工订中午的盒饭，因此她与"宜家"算是合作伙伴。因为送盒饭的缘故，她也成了"宜家"的常客。她在欣赏精美家居的同时，也看到了潜藏其中、尚未被挖掘的商机。保守地估算，宜家每天拥有一到两万的人流量，如果能让当中很少的一部分人停住匆匆的脚步，就是个相当可观的数目。于是，聪明的周玲决定从"宜家"的人流中分一杯羹。

经过分析，周玲决定开一家经营家居装饰用品的小店。到"宜家"去的人大多数是为了添置家具和家居用品，他们也正是小店服务的对象。与其利用别的方式、花大力气招徕客户，不如搭乘"宜家"这个顺风车，既可以在很大程度上节省前期的宣传推广费用，又能很快地拥有自己的客户群。

选择经营的商品种类很重要，如果与"宜家"经营同类的商品，一定要扬长避短，发挥小店的优势。比如靠低廉的价格取胜，以独特的商品见长，或在一些小配件上多做文章，做到你无我有，你有我新。

目前许多家居装饰品都具有选用天然材料、品位高、使用方便、环保无污染等特点。为了适应这一特点，周玲一开始就选择清一色的草柳编织品，该编织品很快受到了消费者的欢迎。后来根据需要她又增加了绢花、花瓶等，货品种类变得更丰富。

聪明的周玲不仅在经营的产品上"捡漏儿"，还在时间上"捡漏儿"。"宜家"的营业时间是从上午10点半到晚上9点，而周玲则从10点半开门，一直营业到晚上9点半。

"大树底下好乘凉"，借助合作伙伴的旺盛人气来成就自己是一个不错的选择。总之，只要开动脑筋另辟蹊径，懂得借助合作伙伴的力量壮大自己，就可以做一个赚钱的"寄居蟹"。

双赢是最好的策略

我们总说人生犹如战场。但实际上两者有很大的区别。战场上敌对双方不消灭对方就会被对方消灭。而人生赛场不一定如此，为什么非得争个鱼死网破，两败俱伤呢？

有这么一则寓言故事。

一头狮子和一只狼同时发现一只小鹿，于是商量好共同追捕那只小鹿。它们合作良好，当狼把小鹿扑倒后，狮子便上前一口把小鹿咬死。这时狮子起了贪心，不想和狼平分这只小鹿，于是想把狼也咬死，虽然狼拼命抵抗，但却无济于事。狼虽然被狮子咬死，但狮子也深受重伤，无法享受美味。

试想一下，如果狮子不如此贪心，而与狼共享那只小鹿，不就皆大欢喜了吗？

大自然中弱肉强食的现象较为普遍，这是出于生存的需要。但人类社会与动物界不同，个人和个人之间，团体和个体之间的依存关系相当紧密。你可以赢得精彩，但不要让他人输得太惨，因为你活着，也必须让他人活着。因此，双赢是你与他人成功交往的第一大原则。

1997年8月6日，计算机界传出了一个惊人的消息，微软公司总裁比尔·盖茨宣布，他要向陷入危机之中的苹果电脑公司注入资金15亿美元。此消息一传出，各界人士一片哗然。

大家都在议论：微软的此番行为，到底所为何意呢？

先说苹果电脑公司。这是一家大名鼎鼎的高科技企业，20多年前，乔布斯和伙伴沃兹尼亚克在美国硅谷的一个破旧车库里，创立了引起电脑产业革命的苹果电脑公司。

乔布斯第一个将电脑定位为个人可以拥有的工具，就像汽车一样，可供每个人使用，这在当时可是新观念。因为只有少数受过专业训练的人，才可以接近并利用它来做点事。

第九章 借合作伙伴的力量壮大自己

乔布斯基于自己的想法，推出供个人使用的苹果电脑，从而引起了电脑迷的重视。尤其是苹果公司所开发的麦金托什软件，更是开创了在屏幕上以图案和符号呈现操作系统的先河，它是软件业的革命性突破。

靠着这些制胜法宝，苹果公司刚刚诞生便一鸣惊人，它的销售业绩连年递增，经营规模不断扩大，企业实力迅速增加。它在个人电脑市场的占有率曾一度超越国际商用机器公司。

然而天有不测风云，进入20世纪90年代以后，电脑的网络化趋势越来越明显，全球互联网络成了家喻户晓的热门事物。许多电脑公司意识到，要抓住90年代的价值增长机会，就必须抓住时机及时地搭上互联网这趟快车。

然而，苹果公司在这一浪潮当中却反应迟缓，行动滞后，它的优势逐渐丧失，市场占有率急剧下降，财务收支状况连年恶化，1995年、1996年都连续处于亏损状态。

为了挽回昔日的声誉，重现苹果雄风，苹果公司也做了诸多努力：1996年，它曾宣布裁员计划，试图靠降低人员开支来降低成本，达到阻止经营恶化的目的；后来，苹果公司又频繁地更换企业领导人，甚至又请出了苹果公司的元勋——乔布斯出任总裁，希望借此恢复苹果公司的元气。

尽管如此，苹果的经营业绩仍然不尽如人意，昔日的王者之气已消失殆尽，苹果帝国处于风雨飘摇之中。

这时，微软公司突然伸出了援助之手，不仅让苹果公司深感意外，也让所有的业界人士迷惑不解。

实际上，盖茨不是要当救世主，他向苹果公司斥资15亿美元，以帮助苹果公司渡过难关，是有自己的打算的。

盖茨深知，苹果公司作为一家辉煌一时的电脑霸主，虽然目前元气大伤，窘境连连，但是它的潜在实力不可低估，连微软赖以异军突起的制胜法宝——视窗操作系统软件，也有苹果公司的麦金托什软件的影子在里面。

许多电脑公司也都想抓住苹果公司乏力的机会，向它提出合作的建议，微软公司当然也意识到了这一点。

虽然目前世界上使用视窗软件的个人电脑已经达到85%，但微软公司仍不敢无视苹果公司与其他大软件公司的合作。它们一旦取得某种突破，势必会造成一定的市场冲击，影响到微软公司的经营业绩。若及早将苹果公司拉到微软公司一边，就可以减小对微软公司的不利影响，从而提高微软公司的经营安全度。

这样，通过和苹果公司联手，微软公司可以将自己生产的

借助别人的力量壮大自己

因特网搜寻器附装在每一台苹果电脑的包装盒里，用户如欲用网景浏览器，得自己去买软件，自己安装，那就极不方便了，这就为微软的因特网搜寻器增加了竞争获胜的筹码。而作为合作伙伴，苹果公司也摆脱了困境。

与此相同，当你去帮助别人时，你会获得莫大的回报，这对于你与对方来说，就是双赢。

当我们用辩证、发展的眼光去看待双赢这个问题时就会发现，双赢其实并不难。但它需要我们有良好的人品和高尚的道德，这是实现双赢的前提条件。

因此，当你与合作伙伴交往时，应采用"双赢"的策略，这不是低估自己的实力，而是为了现实的需要，因为任何"单赢"的策略对你都是不利的。所以，我们要与合作伙伴实现双赢，并借助其力量发展自己，提升自己。

有钱大家赚，合作才能共赢

当你的个人能力并不强大的时候，想要获得更大的利益，就一定要懂得联合众人的力量进行合作、共享利益果实。

聪明人总是能够与人合作、与人分享，在帮助别人的同时为自己积累人脉、创造机遇。联合是一种出路,很多企业家在某个地方站住脚后,陆陆续续地将自己的亲戚、朋友带出来一起赚钱,在无形当中形成了一个血脉相连的团体。抱团打天下,相对于单打独斗的优势在于凝聚力较强,可以把市场经营中的风险降到最低。这些人是依靠友谊、亲情、乡情等关系为纽带连接起来的,所以团体内部非常团结、信任度也很高。况且如今商战愈演愈烈,单靠个人力量成就大事业的概率将越来越小。

温州商人,不仅会交际、讲诚信,还懂得合作的力量,有时候为集聚庞大的资本,他们都会自发地"凑"起来。当有了数亿元资本的雄厚底子,温商们就能够跨市、跨省,甚至跨国进行投资,获利后自发公平地均摊,从而将生意越做越大。

温商早期的合作,始于20世纪80年代末。那时候温商们开始集中资金、人才及技术,自发地搞起了股份合作,这次合作无疑为他们创造了一次机遇,使他们摆脱了以前小作坊式的生产,加快了资本的迅速壮大。

在合作时,温商坚持的理念是"两个分享,一个分担"。"两个分享"是指利润的分享和项目的共享,有钱大家一块儿赚,有好项目大家一起琢磨怎么个做法。不仅是利润和项目,这种分享还包括智慧、信息、人才及社会关系等一切可利用资源的

借助别人的力量壮大自己

分享。在联合董事会上，温商们集思广益、反复论证，把问题琢磨明白，把项目分析透。如果一个项目，所有董事都给予支持肯定，并且达成共识，那么就放手干。

"一个分担"是指风险的分担。但凡投资就会有风险。温商们的做法是：大家一起"扛"，每人分担一点也不会伤筋动骨。比如有10万元钱，就摊开风险，投资到10个项目上去，每个项目投资1万元，即使两三个项目做坏了，其余的仍可获益，整体上能够保持稳定的收益。不管怎么说，这也比只投资一个10万元的项目安全。

联众合作的最大基础是诚信，温州人素来是讲诚信的，所以他们信任自己的合作伙伴，并与合作伙伴实现了共赢。总怕自己赚的钱比别人少，是合作中的一种错误心态。温州商人的想法是：只要自己有利，就不怕别人多赚，这一点很值得我们学习。

集体联手、公平合作是一种现代理念，处理好了则大家共同获益，处理不好则大家会反目成仇。想要愉快地合伙、顺利地赚钱，就要找适合自己的合作伙伴。

原则上，你和你的合作伙伴都应该具有良好的道德素质、商业素养和个人修为。比如在利益上，你们彼此都有意建立长远的合作关系；大家不会为一点小利而斤斤计较，彼此都想自己吃点小亏，而让合作者多占点便宜；只要不是重大的原则问题，都能够做到互相迁就；在心理上，你和你的合伙人都有良好的心理承受力、抗压能力和直面困境的顽强意志；在日常交往中，你们会经常想到对方，了解对方的爱好，记住对方的生日，一方有困难时，另一方能够及时帮助，而只有建立深厚的友情，你们的合作才能愉快并且长久。

总之，找到一个恰当的合作伙伴，与合作伙伴建立良好的关系，会为你提供更大的力量，创造更多的机遇，赢得更辉煌的胜利。

第十章　壮大自己最终靠自身

能拯救你的只有你自己

我们做任何事情，都必须充分发挥主观能动性，依靠自己的力量获取成功。

有两只青蛙不小心掉到一桶牛奶中，其中一只认为没有生路了，没挣扎多久，就放弃希望，沉到桶底下。

另一只青蛙不甘心就此罢休，继续摆动双脚，牛奶经它一再的搅拌，居然逐渐凝结成奶油，等奶油变硬后，青蛙轻易就跳出桶子。

在我们的生命旅途中，一定会遇到各种挫折和困境。这时，只要心中有一个坚定的信念，努力地去奋斗，就一定会渡过难关。

一只船在大海中遇上了突如其来的风暴，沉没了，全船人员死伤无数。一名乘客侥幸地获得一个小小的救生艇而幸免于难。他的救生艇在风浪中颠簸起伏，如同叶子一般飘来飘去。

他迷失了方向，救援的人也没有找到他。

天渐渐地黑下来，饥饿、寒冷和恐惧一起袭上心头。然而，他除了这个救生艇之外，一无所有。灾难使他丢掉了所有东西，甚至包括眼镜，他无助地望着天边。忽然，他看到一片片灯光，他高兴得几乎叫了出来。他奋力地划着小船，向那片灯光前进，然而，那片灯光似乎很远，天亮了，他也没有到达那里。

他继续艰难地划着小船，他想，那里既然有灯光，就一定是一座城市或者港口，生的希望在他心中涌动着，白天时，灯光看不清了，只有在夜晚，那片灯光才在远处闪现，像是对他招手。

三天过去了，饥饿、干渴、疲惫折磨着他，好多次他都觉得自己快要崩溃了，但一想到远处的那片灯光，他又添了许多力量。

第四天，他依然在向那片灯光划着，最后，他支持不住，昏过去了。

晚上，他终于被一艘经过的船只救了上来，当他醒过来时，大家才知道，他已经在海上漂泊了四天四夜。当有人问他是怎么样坚持下来时，他指着远方的那片灯光说："是那片灯光给我带来了希望。"

第十章 壮大自己最终靠自身

大家望去，哪里有什么灯光啊，那只不过是天边闪烁的星星啊！

很多时候，只有自己才能拯救自己。任何情况下，我们都不要怨天尤人。要知道，摆脱苦难、拯救自我，最终必须靠自己。

把知识作为成功的垫脚石

在知识经济时代，我们必须注重积累知识，提高自己的学习能力，必须做到勤于学习，善于学习，只有这样，才能在竞争激烈的社会中立于不败之地。

成大事者，往往有渊博的学识，独特的见解，优雅的谈吐……而这些莫不是从学习中得来的。学习知识是一生的事。

这是大学期末考试的最后一天。在一幢楼的台阶上，一群工程系高年级的学生聚在一起，正在讨论几分钟后就要开始的考试。他们中每一个人的脸上都写满了自信，因为他们在这所学校里面生活了四年，并努力地学习了四年。他们坚信自己已经掌握了大学四年的全部课程，有能力去开创属于自己的未来。

他们中的一些人开始谈论他们现在已经找到的工作，而另外一些人则谈论着他们将会得到的工作。每个人都带着梦想，带着经过四年的大学学习所获得的自信等待着最后的考试，因为他们都能够感觉到自己已经准备好开始打人生的下一场战役了。所以这场即将到来的测验将会很快非常圆满地结束。

在考试之前，教授说过，学生们可以带任何他们想带的书或笔记进入考场，要求只有一个，那就是他们不能在测验的时候交谈。依此来看，考试肯定不会很难。怀着这样的想法，学生们兴高采烈地冲进教室。教授把试卷分发下去。当学生们注意到只有五道评论类型的考题时，脸上的笑容更灿烂了。三个小时很快就过去了，教授开始收试卷。然而现在学生们的脸看起来不再自信，相反他们的脸上都流露出沮丧的表情。

教授俯视着他面前这些焦急的面孔，面无表情地说道："完成五道题目的请举手！"没有一只手举起来。

"完成四道题的请举手！"

仍然没有人举手。

……

"完成三道题的请举手！"

"两道题的！"

……

对于这样的结果，学生们不安地在座位上扭来扭去。

"那么一道题呢?有没有人完成了一道题?"

整个教室仍然沉默。教授放下了试卷。

"这正是我期望得到的结果。"他说,"我只想给你们留下一个深刻的印象,即使你们已经完成了四年的工程学学习,但关于这个学科仍然有很多的东西是你们还不知道的。这些你们不能回答的问题,是与每天的日常生活实践相联系的。"

看着学生们若有所思的脸,最后教授微笑着补充道:"你们都将通过这次测验,但是记住——即使你们现在是大学毕业生了,但你们的教育也还只是刚刚开始而已。"

不断学习知识对于一个渴望成功的人来说是非常重要的事情。只有不断学习知识,提高自身能力,才能更快、更好地适应环境,跻身强者之林。

纽约有一家公司被一家法国公司兼并了,在签订兼并合同的当天,公司新的总裁宣布了一个令人吃惊的消息:"我们不会随意裁员,但如果你的法语太差,导致无法和其他员工交流,那么我们将不得不请你离开。所以我们打算在这个周末进行一次专门的法语考试,只有在这场考试中及格的人,才能继续在这里工作。"

于是在散会后,几乎所有的人都拥向了图书馆,在此时他们才意识到法语对于他们来说是多么的重要。除了这些因为考试而焦头烂额的员工之外，只有一位公司员工像平常一样直接回家了，同事们见此，都认为他已经准备放弃这份工作了。但是令所有人都没有想到的是，考试结果出来后，这位原本在大家眼中肯定没有希望的人却考了最高分。

原来，这位员工在大学毕业后来到这家公司。经过一段时间的工作之后，他开始认识到自己的能力对于这份工作而言有许多不足。于是从那时起，他就有意识地开始进行自身能力的储备。在那之后，无论每天的工作有多么繁忙，他都每天坚持提高自己。

作为一个销售部的普通员工，他在工作中看到公司的法国客户很多，但自己不会法语，每次与客户的往来邮件与合同文本都要由公司的翻译帮忙翻译。有时翻译不在或兼顾不上的时候，自己的工作就要被迫停顿。那时候他就早早意识到了学习法语的重要性，也就是从那时候起，他就开始自学法语了。同时，为了能在和客户沟通时把公司产品的技术特点介绍得更详细，他还向技术部和产品开发部的同事们学习相关的技术知识。所以，自然而然他在考试中获得了最高分，受到了新公司领导的注意。

第十章 壮大自己最终靠自身

许多时候，人们之所以没有成功，不是因为没有能力，只是因为对知识的渴望不够强烈、不够执著。所以，请将知识作为通往成功之路上的垫脚石，这样你会更快地获取成功。

做正确的事比正确地做事更重要

相信大家都知道南辕北辙的故事：

一个人要从魏国到楚国去，他带上了足够的盘缠，驾上骏马，请了驾驶技术精湛的车夫。楚国在魏国的南面，可这个人却让驾车人赶着马车一直向北走去。路上有人好意提醒他走错方向了，他却不听劝阻，极力炫耀他的好车骏马，继续朝着错误的方向驶去。

这则寓言告诉我们，无论做什么事，都要首先看准方向，只有这样才能充分发挥自己的优势；如果方向错了，那么有利条件只会起到相反的作用。

生活中有很多做事南辕北辙的人，比如有些糊涂虫急急忙忙地赶路，见到车就上，到终点时才发现自己坐错了方向；有些学生英语听力不好，却煞费苦心地专门复习语法；有些员工本来只负责开发客户，却在钻研技术上插上一脚……这种做事不分对错、不分轻重的人所取得的结果肯定与所预料的结果相反。做正确的事是我们做任何事情的出发点。做正确的事能让我们节省时间，保持精力；做正确的事能使我们提高效率，事半功倍……做正确的事，永远是正确地做事的前提和基础。

做正确的事，往往只是一个决定，却可以改写一段历史。所以，在做决定之前，我们一定要问自己：

我真正想做的是什么？

我为什么有这样的想法？

我现在正在做什么？

我为什么这样做？

这是四个再简单不过的问题，但如果你无法回答或者你的回答连你自己都无法信服的话，那你要审视一下，你也许正朝着错误的方向行进。

关于做正确的事与正确地做事，一位管理学大师曾在《有效的主管》一书中提出了另外一种理解："效率是'以正确的方式做事'，而效能则是'做正确的事'。效率和效能不应偏废，但这并不意味着效率和效能具有同样的重要性。我们当然希望同时提高效率和效能，但在效率与效能无法兼顾时，我们首先应着眼于效能，然后再设法提高效率。"

正确地做事强调的是效率，其结果是让我们更快地朝目标

迈进；做正确的事强调的则是效能，其结果是确保我们朝着自己的目标迈进。如果我们有了明确的目标，确保自己是在做正确的事，接下来要"成事"，就是"方法"（正确地做事）的问题了。

如何找到最合适、最高效的解决方法，是我们每一个人都需要认真对待的问题。我们的工作，其实就是通过不同的手段，解决问题、实现目标的过程。在这个过程中，选择好的方法至关重要，因为在正确的方法的指导下，我们能以最少的时间、最少的资源达到目标。这样不仅为我们节省了时间，而且使我们在与别人的竞争中占尽先机，处于领先地位。

成功人士就是能正确做事，更懂得做正确之事的人，他们明白选择的重要性，十分注重工作方法，张弛有度。他们非常清楚自己的生活方向，他们也善于安排时间、控制节奏，知道自己该在什么时间做什么事情。即便是忙，也极有规律。

做正确的事而不只是正确地做事，能保证我们在事情刚开始时就朝着正确的方向进展。

眼睛向下看，从小事做起

勿以善小而不为，勿以恶小而为之。任何事物的发展都要经历一个由量变到质变的过程。因此，我们要眼睛向下看，一点一滴地从小事做起，这是你成就事业的必由之路。

11岁那年，李嘉诚来到香港。到了14岁，由于父亲去世，他辍学打工。再后来，舅父让他到他的钟表公司上班，但是他没有答应，因为他要自己找工作。

在当堂倌的时候，他就胸怀大志，从小事做起，一步步地实现目标。这些小事是：他给自己安排课程，养成察言观色、见机行事的习惯。这些课程包括：时时处处揣摩茶客的籍贯、年龄、职业、性格，然后找机会验证；揣摩客户的消费心理，既真诚待人又投其所好。

那个时候，他每天都要工作近20个小时，尽管如此，他还是给自己定下一个目标：利用工余时间自学完中学课程，踏踏实实做好每件事，一步一步往前走。

终于在1950年夏，李嘉诚创立了长江塑胶厂。

塑胶花使李嘉诚创办的长江实业迅速崛起，后来他很快成了世界"塑胶花大王"。

许多年轻人给自己确立了"三年计划"、"五年计划",下定决心要在三年内赚300万元,五年内成为亿万富豪,但是实际上却很浮躁,不能踏踏实实地为理想而努力。

李嘉诚之所以成功,之所以成为华人首富,不是靠什么"三年计划"、"五年计划",而是靠几十年的奋斗。而他的奋斗,也是充满了艰辛与坎坷的。这些艰辛与坎坷,我们现在说起来好像挺轻松,一下子就过去了,而在当时他是一天一天、一小时一小时、一分一分、一秒一秒地挺过来的。一个浮躁的人是不会这么细心地去品味艰辛的滋味的,也许他们一尝到这样的滋味,马上就退却了。而李嘉诚深知:这样的苦难,是必定要经受的,只有经受这些苦难,才能获得最终的甜美。

很多事情就是这样,你越着急,就越不会成功。因为着急会使你失去清醒的头脑,结果,在你奋斗的过程中,浮躁占据着你的思维,使你不能正确地确立方针、策略,以稳步前进。相反,如果能踏踏实实,从小事做起,则更容易获得成功。

今天工作不努力,明天努力找工作

通常情况下,许多人都会有这样的抱怨。

"我只拿这点钱,凭什么去做那么多工作,我干的活对得起这些钱就行了。"

"我们那个老板太抠门了，只给我们开这么点工资。"

"经理干的活也不比我多多少啊，可他的薪水却比我高出许多，他拿得多，就该干得多嘛。"

许多人都抱怨公司的上司抠门；抱怨工作时间过长；抱怨公司管理制度过严……有时，这种抱怨的确可使自己的内心压力暂时得到一定的缓解。但是，持续的抱怨会使人的思想摇摆不定，进而在工作上敷衍了事。

看看我们周围那些只知抱怨而不努力工作的人吧，他们从不懂得珍惜自己的工作机会。他们不懂得丰厚的物质报酬是建立在认真工作的基础上的；他们更不懂得即使薪水微薄，也可以充分利用工作机会提高自己的技能。最可悲的是，这些抱怨者始终没有清醒地认识到一个残酷的现实：在竞争日趋激烈的今天，工作机会来之不易。不珍惜工作机会，不努力工作而只知抱怨的人，总是排在被解雇者名单的最前面，不管他们的学历是否很高，他们的能力是否能够满足基本的工作要求。

这是一位去商店购物的人的口述：

一天，我站在一家商店的皮鞋专柜前，和受雇于这家商店的一个年轻人聊天。他告诉我说，他在这家商店服务已经七年

了，但由于这家公司的上司"目光短浅"，他的工作业绩并未得到赏识，他非常郁闷，但同时，他似乎对自己很有信心："像我这样一个学历不低、年轻有为的小伙子，还愁找不到一个体面而有前途的工作吗？"

正说着，有位客户走到他面前，要求看看袜子。这位年轻店员对这名客户的请求不理不睬，仍在继续向我发牢骚。虽然这位客户已经显出不耐烦的神情，但他还是不理。最后，等他把话说完了，才转身对那位客户说："这儿不是袜子专柜。"

那位客户又问袜子专柜在什么地方。这位年轻人回答说："你问总服务台好了，他们会告诉你怎样找到袜子专柜。"

七年多来，这个年轻人一直不知道自己为什么没遇到"伯乐"，没得到升职和加薪。

三个月后，当我再次光顾这家商店时，没有看见那位满腹牢骚的小伙子。商店的另一名店员告诉我，上个月，公司人员调整时，他被解雇了。

几个月后，一次偶然的机会，我在一条繁华的商业街上，又碰见了那个小伙子，他心情有些沉重，一改往日的"意气风发"。他说，时下经济不景气，找了几个月都没有找到满意的工作。

第十章 壮大自己最终靠自身

说完后，他匆匆离去，说是要去参加一个面试，虽然工作性质与原来的没有什么不同，薪水也不比原来的高多少，但他还是很珍惜这个面试机会，一定不能迟到。

试想，如果他懂得珍惜原来的工作机会，努力工作，今天就不需要这样努力地去找工作了。

遗憾的是，大多数人总是在遭受"晴天霹雳"之后才会醒悟。比如，当成绩一落千丈的时候，有的人才开始痛下决心好好念书；当婚姻亮起红灯的时候，有的人才试着对伴侣表示关心；当失去工作时，有的人才懂得付出努力的重要。只有在到处碰壁的时候，人们才能学会人生最重要的课题。

其实，很多人都拥有成为优秀员工的潜能，拥有被委以重任的机会。但是，为什么一定要等到无路可走的时候，在遭遇人生的"晴天霹雳"之后，才试着改变自己的心态和做事方式呢？努力工作的人懂得，要把命运牢牢地掌握在自己手中，不给"晴天霹雳"击倒自己的机会。

德恩斯在一家汽车公司找到了一份工作。半年之后，他向老板写信自荐，想看看自己能否获得提升的机会。老板对他说："你去监管新厂机器设备的安装吧，但我不能保证会给你加薪。"

虽然德恩斯从没接受过任何机器安装方面的训练，有关的

图纸他也都看不懂,但是他却没有放过这个机会。他利用自己的领导才能,请来一些技术人员完成了安装工作,并且比原定计划提前一个星期完工。最后,老板不但提升了他,还给他加了薪水。

后来,老板告诉他:"我知道你不懂图纸,如果你当时因此而推掉这份工作,我也许会把你辞掉。"

正是不为薪水工作的态度使德恩斯取得了成功。

能否从平凡的工作中脱颖而出,一方面由个人的才能决定,另一方面则取决于个人的进取心态。这个世界为那些努力工作的人大开绿灯,所以,珍惜你现在的工作吧,要知道,今天工作不努力,明天必定要去努力找工作。